采样点布设与区域土壤
有机碳变异性研究

张忠启 等 著

科学出版社
北京

内 容 简 介

掌握区域土壤有机碳空间变异特征是制定区域农业管理和环境管理措施的基础。当前土壤野外调查采样和合适的点面拓展方法是揭示土壤有机碳变异性的主要手段,本书系统研究了土壤采样点布设方法、布设数量、点面拓展方法等方面对红壤区土壤有机碳变异性的影响,为土壤学研究者高效获取区域土壤有机碳及其他土壤属性的空间变异信息方面提供参考,也为农业和环境管理部门的土壤调查采样提供借鉴。

本书适合研究土壤碳循环的科研人员和研究生以及从事土壤调查工作的农业和环境管理部门工作者阅读参考。

审图号：赣 S（2018）2018088 号

图书在版编目（CIP）数据

采样点布设与区域土壤有机碳变异性研究/张忠启等著. —北京：科学出版社，2019.3
ISBN 978-7-03-060964-9

Ⅰ. ①采… Ⅱ. ①张… Ⅲ. ①红壤-采样点-布设-研究 ②红壤-土壤有机质-有机碳-变异性-研究 Ⅳ. ①S155.2

中国版本图书馆 CIP 数据核字（2019）第 060896 号

责任编辑：周 丹 沈 旭 黄 梅/责任校对：杨聪敏
责任印制：张欣秀/封面设计：许 瑞

科学出版社 出版
北京东黄城根北街 16 号
邮政编码：100717
http://www.sciencep.com

北京中石油彩色印刷有限责任公司 印刷
科学出版社发行 各地新华书店经销
*

2019 年 3 月第 一 版　开本：720×1000　1/16
2019 年 3 月第一次印刷　印张：12 1/2
字数：252 000

定价：99.00 元
（如有印装质量问题，我社负责调换）

前　言

　　土壤有机碳在全球碳循环中起着重要作用，对温室效应和全球气候变化具有重要的影响。同时，土壤有机碳也是土壤的重要属性之一，其含量及动态平衡是反映土壤质量和土壤健康的重要因子，直接制约着土壤的肥力水平和作物产量。由于受到多种因子的影响和制约，土壤有机碳通常具有较强的空间变异特征。研究土壤有机碳的空间分布特征，对于准确估算土壤碳库储量，正确评价土壤在陆地生态系统碳循环、全球碳循环以及全球气候变化的作用具有重要意义。而在研究土壤有机碳空间分布特征时，土壤野外调查采样是最基本的环节。土壤采样点的代表性是土壤调查结果如实、高效反映土壤有机碳空间分布特征的先决条件。

　　为揭示土壤有机碳空间分布特征而进行土壤野外采样，首先面临的问题是土壤采样点的布设，其次是采样点布设的数量。土壤采样点布设模式的选择直接影响采样效率的高低，在同样的预测精度要求下，合理的采样点布设模式，需要较少的采样点，而不合理的采样点布设模式则需要较多的采样点。当前，应用最多的采样点布设模式为规则网格采样，此外按类型采样也被广泛应用，但何种模式的采样效率更高一些，目前很少有研究提及。另外，土壤采样点布设的密度不仅与采样点布设模式有关，而且与所揭示的土壤有机碳含量空间变异性大小密切相关，采样密度与揭示土壤有机碳空间变异性的关系研究对确定合理的样点数具有重要意义。

　　在土壤野外采样和实验室分析的基础上，土壤有机碳空间点面拓展模型是揭示土壤有机碳空间分布的又一重要课题，一直是土壤学研究的热点。目前较流行的是克里金及其衍生方法，但研究表明，研究区域不同，影响土壤有机碳空间分布的因子不同，土壤有机碳的空间分布特征也存在差异，故适用的点面拓展模型也各不相同。探讨适应区域特点的高效点面拓展模型，对通过有限的采样点获得土壤有机碳空间分布特征至关重要，不仅能够实现土壤有机碳空间分布模式的定量表达，也是全球气候变化建模的基础。

　　江西省余江县位于中国南方红壤丘陵区，地形复杂，以丘陵为主；土壤类型和土地利用方式多样，土壤以水稻土和红壤为主，土地利用类型则以水田、旱地和林地为主，各种土壤类型和土地利用方式交错分布时，土壤有机碳存在较强的空间变异性。余江县的地形、土壤类型、土地利用方式的分布特征在南方红壤丘陵区具有较强的典型性和代表性。鉴于此，本书以江西省余江县为研究区域，探讨土壤采样点的布设模式、采样密度对土壤有机碳空间变异性的影响；通过对比不同的土壤有机碳点面拓展模型，确定具有典型区域特色的高效土壤有机碳点面拓展模型；利用优化采样点布设模型和高效点面拓展模型，研究采样点数量与土壤有机碳空间预测精度之间的量化关系等。旨在为红壤丘陵区土壤野外调查采样策略的制定及高效揭示土壤有机碳时空分布特征提供参考，也为该地区制定合理的农业管理和环境管理措施提供依据。本书主要研究结论如下：

（1）余江县不同土地利用方式、成土母质和土壤类型间的土壤有机碳（SOC）含量均值差异均达到显著水平（$p<0.05$）；地形因子中的海拔和坡度对 SOC 含量的影响也达到显著水平，但坡向的影响不显著（$p<0.05$）。从各因子对 SOC 含量变异的独立解释能力来看，土壤类型、土地利用方式和母质类型对 SOC 含量的解释度较高，而地形因子中的各指标对 SOC 含量的独立解释度均较低。

（2）在未分类的网格法（Grid）、土壤类型法（SoTy）、土地利用类型法（Lu）和土地利用-土壤类型法（Lu-SoTy）四种布点模式中，Grid 方法得到的土壤有机碳变异系数为 47.4%；SoTy 方法的土类、亚类和土属三个级别的平均变异系数分别为 46.2%、37.5%和 33.6%；Lu 方法的各土地利用类型平均变异系数为 42.2%；而 Lu-SoTy 方法的土类、亚类和土属三个级别的平均变异系数分别为 40.5%、36.6%和 30.9%。后三种分类方法的 SOC 平均变异系数均低于 Grid 方法的变异系数，其中 Lu-SoTy 方法降低的幅度最大，表明在中国红壤丘陵区县级尺度上，采用 Lu-SoTy 布点模式来揭示 SOC 的空间分布的不确定性最小，采样效率最高。

（3）在 D_{14}、D_{34}、D_{68}、D_{130}、D_{255} 和 D_{525} 六个密度等级中，SOC 变异系数随着采样点密度的增加，由 62.8%逐渐降至 47.4%，说明采样点密度对揭示 SOC 变异性有重要影响。采样点密度对不同土地利用和土壤类型 SOC 变异的影响存在差异。水田 SOC 变异系数随采样密度增加变化很小，仅由 30.8%降至 28.7%，而旱地和林地随密度增加则明显降低，分别由 58.1%和 99.3%降至 48.7%和 64.4%；从土壤类型看，水稻土 SOC 变异系数随采样密度增加变化很小；而红壤 SOC 变异系数则出现明显降低，由 82.8%降至 63.9%。基于本时段 D_{14}、D_{68} 和 D_{525} 的 SOC 变异系数，采用预测公式估算出未来若干年后为揭示 1.5 g/kg 的 SOC 变化所需采样点数量分别为 604、500、353（$p<0.05$）；而基于 D_{525} 的各类型 SOC 变异系数估算的未来采样时水田、旱地和林地采样点数量比例应为 1：0.74：3.02，而相应的网格法实际采样点数量比例分别为 1：0.52：0.27。等间距的网格法由于未考虑类型变异性的差异，往往造成旱地和林地的采样点数量不足。

（4）通过多种点面拓展方法对 SOC 空间变异性的对比研究，发现以土地利用方式和土壤类型信息为辅助变量的克里金方法的预测值与实测值的相关性最好，误差最小；其次是结合土地利用信息的克里金方法和结合土壤类型信息的克里金方法，而普通克里金方法的预测值与实测值的相关性最差，误差最大。从图斑连接方法来看，土壤采样点 SOC 数据与采样网格直接连接方法的空间预测精度最差,其次是土壤数据与土壤图斑连接的方法,而土壤数据与土地利用方式图斑相连接方法的空间预测精度最高。

(5)基于优化采样点布设原则和高效SOC空间点面拓展模型,不同的采样点密度等级(D_{300}、D_{250}、D_{200}、D_{150}、D_{100}和D_{50})对研究区SOC含量空间预测的平均绝对误差(MAE)和均方根误差(RMSE)均随采样密度的降低而呈二次多项式增加。其中预测MAE由D_{300}的2.2 g/kg上升为D_{50}的3.0 g/kg;预测RMSE则由D_{300}的2.8 g/kg逐步升高至D_{50}的3.9 g/kg,其占研究区SOC含量均值的比重也逐步增加。在实际采样时,可根据采样精度的要求确定合理的采样点数量。不同的土地利用方式间和土壤类型间的SOC含量预测精度存在差异,说明在采样点布设时,虽然考虑了各类型的SOC变异系数的差异,但变异系数在采样点分配时的权重仍需要进一步讨论。

(6)通过多种采样密度和多个点面拓展方法对揭示SOC变异性的对比来看,采样点密度的增加有助于降低SOC的空间预测误差,本研究中采样密度由2 km×2 km变为0.5 km × 0.5 km时,各点面拓展方法的预测精度均出现不同程度的提高。但从对红壤区SOC空间变异特征的影响程度来看,预测方法的选择对提高空间预测精度的作用更为明显。普通克里金(OK)方法由于存在较强的平滑效应,导致空间预测误差较大,即使大幅增加采样密度,其精度提高也并不明显;而以土地利用作为辅助信息的克里金(LUK)方法平滑效应大为降低,从而可提高预测精度,在各采样密度等级上,后者较前者的预测精度均大幅提高。以$D_{2×2}$密度等级为例,从揭示SOC空间变异特征对采样点数量的要求来看,在满足统计学对采样点数量的基本要求的前提下,为达到同样的预测精度,LUK方法所需的采样点数量较OK方法大幅减少,甚至低于后者的1/16。

(7)通过不同离散度采样点对SOC空间分布的预测结果的影响来看,土壤采样点空间分布的离散程度对克里金方法的SOC空间预测有重要影响。随着采样点离散度的增加,不同克里金方法对区域SOC空间变异性的预测精度均呈下降趋势。这表明空间均匀分布的土壤采样点有利于克里金的空间运算,降低获得区域SOC空间变异信息的不确定性,而空间分布均匀性较差的采样点通常会提高SOC空间变异信息的不确定性。此外,采样点离散度对不同克里金方法预测精度的影响程度存在差异,说明不同克里金方法的原理不同,其对采样点空间离散程度变化的响应也不同。因此,在进行区域SOC空间预测时,土壤采样点的空间离散程度和空间预测方法的选择都是需要考虑的重要问题。

本书是作者在博士期间的部分科研成果和近几年在国家自然科学基金项目(41201213)、土壤与农业可持续发展国家重点实验室开放基金项目(Y20160008)、江苏省高等学校自然科学研究面上项目(18KJB210005)和江苏高校优势学科建设工程资助项目(PAPD)的资助下取得的阶段性成果,也是课题组集体研究的成果。本书第一章至第七章主要由张忠启撰写，第八章由张忠启、张啸和程瑶撰写，第九章至第十二章由张忠启和孙益权撰写，第十三章由张忠启撰写，最后由张忠启统稿、定稿。本书的撰写得到了中国科学院南京土壤研究所史学正研究员和于东升研究员的支持和帮助，也得到了江苏师范大学地理测绘与城乡规划学院仇方道副院长等多位领导和老师的悉心指导。在此，谨向为本书出版提供帮助的领导、老师等表示诚挚的谢意。

受课题研究阶段、研究思路和构想等因素的影响，本书不同章节在内容上和研究思路上旨在探讨不同研究内容，但在研究方法上存在一定程度的交叉。同时，本书引用了众多土壤学者的研究成果和研究思想，虽然力争清楚标注和说明，但因资料浩繁，一些文献经多次引用转载，难以保证一一准确无误地列出，如有疏漏敬请谅解，并谨致谢意。尽管作者为本书付出了巨大努力，但由于水平所限和时间仓促，书中难免存在一些不足之处，恳请各位读者批评并给出宝贵意见。

江苏师范大学　张忠启
2018 年 6 月 25 日于徐州

目 录

前言
第一章 绪论 ·· 1
  第一节 土壤有机碳变异性研究的意义 ······································· 1
    一、土壤有机碳的作用 ·· 1
    二、研究土壤有机碳变异的必要性 ······································ 2
  第二节 揭示区域土壤有机碳变异性的几个关键环节 ····················· 3
    一、土壤采样点布设模式的选择 ·· 3
    二、合理土壤采样点数量的确定 ·· 4
    三、高效点面拓展方法的优选 ··· 4
  第三节 国内外研究进展 ·· 5
    一、土壤有机碳影响因子研究 ··· 5
    二、土壤样点布设模式的研究 ··· 9
    三、采样点密度与区域土壤有机碳变异性关系的研究 ············· 12
    四、土壤有机碳空间变异特征的预测模型研究 ······················ 15
第二章 主要样点布设方法及点面拓展模型 ··································· 21
  第一节 土壤采样点的常用布设模式 ··· 21
    一、随机布设采样点 ·· 21
    二、分层布设采样点 ·· 22
    三、基于系统规则网格布设采样点 ····································· 23
    四、按特定形状的线段布设采样点 ····································· 24
  第二节 确定区域土壤采样点数量的一般方法 ····························· 25
    一、经验判断法 ·· 25
    二、按经费摊派计算法 ··· 26
    三、基于统计学的计算法 ·· 27
    四、计算机模拟法 ··· 27
  第三节 揭示区域土壤属性的点面拓展方法 ································ 28
    一、图斑连接法 ·· 28
    二、趋势面分析法 ··· 29
    三、地统计学方法 ··· 30
    四、环境因子与地统计学结合方法 ····································· 31

五、其他方法 ·· 32
第三章　研究区概况及数据源 ·· 33
第一节　研究区概况 ·· 33
一、地理位置 ·· 33
二、自然环境因子 ·· 34
三、社会经济条件 ·· 39
第二节　土壤样品采集及实验室分析 ·· 39
一、基础数据收集 ·· 39
二、土壤采样设计 ·· 40
三、土壤样品采集 ·· 41
四、土壤样品预处理 ··· 42
五、土壤有机碳测定 ··· 44
第四章　红壤区土壤有机碳空间变异的影响因子分析 ························· 45
第一节　土地利用和成土母质对土壤有机碳的影响 ······························ 45
一、不同土地利用方式的土壤有机碳变异 ··· 45
二、不同母质的土壤有机碳变异 ·· 46
第二节　地形因子与土壤有机碳的关系 ··· 47
第三节　不同土壤类型间土壤有机碳变异 ·· 49
第四节　不同影响因子与土壤有机碳关系的比较 ································ 51
一、不同因子对土壤有机碳的影响 ·· 51
二、红壤区影响区域土壤有机碳的主控因素 ··· 52
第五节　本章小结 ··· 53
第五章　样点布设模式对揭示土壤有机碳空间变异的影响 ·················· 54
第一节　不同样点分类模式对揭示有机碳变异的影响 ························· 54
一、采样点分类模式的设定 ·· 54
二、系统网格法和土壤类型法的有机碳变异性 ····································· 55
三、土地利用类型法的土壤有机碳变异性 ·· 57
四、土地利用-土壤类型法的有机碳变异性 ·· 58
第二节　区域土壤采样点布设的优化模式 ··· 60
一、不同土壤采样布点模式的比较 ··· 60
二、土壤优化样点布设模式的优选 ··· 61
第三节　本章小结 ··· 62
第六章　基于不同采样点密度的区域合理土壤采样点数量估算 ··········· 63
第一节　不同采样点密度的土壤有机碳空间变异特征 ························ 63
一、不同采样点密度的设定 ·· 63

二、不同采样点密度土壤有机碳的描述性统计 ································· 65
　　三、采样点密度对揭示土壤有机碳变异的影响 ································· 66
　　四、采样点密度对揭示各土地利用类型有机碳变异的效率差异 ········· 67
　　五、采样点密度对揭示各土壤类型有机碳变异的效率差异 ················ 68
　第二节　基于样点密度-有机碳变异关系的样点数量估算 ······················ 70
　　一、不同采样密度下土壤有机碳空间变异性的分析方法 ··················· 70
　　二、基于不同采样点密度的区域土壤有机碳变异特征 ······················ 70
　　三、采样点密度对未来区域样点数量预估的影响 ····························· 71
　　四、采样点密度对各土地利用及土壤类型样点数量估算的影响 ········ 72
　第三节　本章小结 ·· 75

第七章　不同克里金方法对揭示区域土壤有机碳变异的影响 ················ 76
　第一节　土壤有机碳区域分布特征预测 ·· 76
　　一、不同克里金空间预测方法 ··· 76
　　二、土壤有机碳描述性统计 ·· 78
　　三、土壤有机碳的地统计特征 ·· 81
　　四、基于不同点面拓展模型的土壤有机碳空间分布特征 ··················· 83
　第二节　不同克里金方法对土壤有机碳空间预测的不确定性 ··············· 85
　　一、不同克里金方法的土壤有机碳区域预测的不确定性 ··················· 85
　　二、不同模型揭示各土地利用和土壤类型有机碳区域分布的不确
　　　　定性 ··· 87
　第三节　本章小结 ·· 89

第八章　图斑连接法与克里金法揭示土壤有机碳变异的效率评价 ········· 90
　第一节　图斑连接法与普通克里金法揭示土壤有机碳变异性的效率对比·· 90
　　一、土壤采样点的选择 ·· 90
　　二、克里金和图斑连接方法 ·· 91
　　三、土壤有机碳的统计分析 ·· 92
　　四、基于不同点面拓展方法的 SOC 空间分布 ·································· 94
　　五、不同点面拓展方法的不确定性评价 ·· 95
　　六、不同点面拓展方法对揭示区域 SOC 空间性的影响 ····················· 97
　第二节　图斑连接法与多种克里金法和揭示区域土壤有机碳变异性的效
　　　　率对比 ··· 97
　　一、土壤采样点数据 ··· 97
　　二、空间点面拓展方法及不确定性评价 ·· 99
　　三、两研究区土壤有机碳含量的统计分析 ······································ 99
　　四、基于不同方法的土壤有机碳空间分布 ···································· 101

五、不同预测方法的精度对比……104
六、点面拓展方法选择对获取区域土壤有机碳空间变异信息的意义……107
第三节　本章小结……109

第九章　样点密度与土壤有机碳空间预测精度的量化关系……110
第一节　多密度等级的土壤采样点分布……110
一、多样点密度等级的设定……110
二、验证样点的设定……113
第二节　多样点密度等级的区域土壤有机碳预测精度……114
一、各采样点密度的土壤有机碳描述性统计……114
二、不同土地利用-土壤类型的有机碳均值及残差……115
三、土壤有机碳残差数据的地统计特征……118
四、多样点密度的土壤有机碳空间分布特征……121
第三节　采样点密度对土壤有机碳预测精度的影响……122
一、不同采样点密度的预测精度……122
二、采样点密度与预测精度的量化关系……124
第四节　本章小结……127

第十章　红壤区土壤有机碳时间变异及合理采样点数量研究……129
第一节　土壤数据与合理采样点数量计算方法……130
一、不同时期的土壤采样点数据……130
二、SOC 时间变异的预测及不确定性评价……131
三、揭示土壤有机碳时间变异的合理采样点数量估算……131
第二节　不同时期的 SOC 空间变异特征……131
一、不同时期的 SOC 含量统计特征……131
二、不同时期 SOC 数据的空间结构特征……132
第三节　土壤有机碳时间变异特征及所需采样点数量……133
一、SOC 时间变异特征……133
二、揭示 SOC 时间演变所需采样点数量……136
第四节　本章小结……137

第十一章　点面拓展方法的选择对揭示 SOC 时间演变的影响……138
第一节　土壤采样点与点面拓展方法……139
一、不同时期的土壤采样点……139
二、点面拓展方法的选择……140
第二节　不同时期的 SOC 统计特征……141
一、不同时期的 SOC 含量统计分析……141

二、不同时期的 SOC 空间分布特征…………………………………………143
　　三、不同预测方法的精度比较……………………………………………145
　　四、不同点面拓展方法对 SOC 时间变异的影响…………………………146
第三节　本章小结……………………………………………………………148
第十二章　采样点密度与点面拓展方法揭示有机碳变异的效率对比…………150
第一节　点面拓展模型选择与采样密度设定………………………………151
　　一、采样点密度的设定……………………………………………………151
　　二、空间点面拓展模型……………………………………………………152
第二节　不同密度采样点的土壤有机碳数据分析…………………………153
　　一、土壤有机碳含量的描述性统计………………………………………153
　　二、不同密度采样点的地统计分析………………………………………155
第三节　土壤有机碳空间预测结果及不确定性评价………………………156
　　一、土壤有机碳含量空间分布特征………………………………………156
　　二、土壤有机碳空间预测精度的对比分析………………………………158
　　三、采样点密度与点面拓展模型的空间预测效率对比…………………161
第四节　本章小结……………………………………………………………161
第十三章　土壤采样点空间离散度对揭示区域土壤有机碳变异性的影响……163
第一节　数据来源与研究方法………………………………………………164
　　一、土壤数据源……………………………………………………………164
　　二、不同土壤采样点离散度的设置………………………………………164
　　三、空间预测方法及不确定性评价………………………………………166
第二节　基于不同样点离散度的 SOC 空间变异特征………………………166
　　一、全部样点及各离散度样点的 SOC 含量统计特征……………………166
　　二、各样点离散度 SOC 含量的地统计分析………………………………167
　　三、基于各离散度的 SOC 空间分布特征…………………………………169
　　四、基于不同离散度的 SOC 空间预测不确定性…………………………170
第三节　样点离散度对揭示区域 SOC 空间变异的影响……………………172
　　一、样点离散度与区域 SOC 空间预测精度………………………………172
　　二、样点离散度对不同空间预测方法的影响……………………………173
第四节　本章小结……………………………………………………………174
参考文献……………………………………………………………………………175

第一章 绪 论

第一节 土壤有机碳变异性研究的意义

一、土壤有机碳的作用

土壤是陆地生态系统的核心,是连接大气圈、水圈、生物圈与岩石圈的纽带,土壤碳库是陆地生态系统中最大的有机碳库。据估算,全球 1 m 深度的土壤中储存的有机碳量约为 1500 Gt,不仅为大气碳库的 2 倍多,还是陆地植被碳库的 2~3 倍。在 2~3 m 深度范围的土层中还储存着约 842 Gt 的有机碳(周莉等,2005)。土壤有机碳(soil organic carbon,SOC)在保持土壤肥力、提高土壤质量及作物产量(Gregorich et al., 1994;Stevenson and Cole,1999;Bhupinderpal-Singh et al., 2004)和减缓温室气体排放方面起着重要作用(Lal,2004)。一方面,土壤有机碳为植被生长提供碳源、维持土壤良好的物理结构。其含量及动态平衡是反映土壤质量或土壤健康程度的一个重要指标,直接影响土壤肥力和作物产量的高低,从而影响陆地的生物碳库(Doran et al., 1999)。土壤有机碳库扮演着储存碳素和营养的"源"和"汇",SOC 的损失引起土壤退化,不仅破坏了农业的持续发展,同时也影响环境质量的健康。另一方面,土壤有机碳库是陆地生态系统中的重要碳库,对温室效应与全球气候变化具有重要的控制作用。由于土壤有机碳储量超过了植被与大气有机碳储量之和(Eswaran et al., 1993;Lal et al., 1995;Batjes,1996),而以 $CaCO_3$ 形态赋存与土壤中的无机碳仅为 700~1000 Pg(Schimel,1995),且土壤无机碳的更新周期在千年尺度(Lal,1999),因此,基于 SOC 的巨大库容和较快的更新速率,SOC 在全球变化的研究中显得更为重要,其较小的变幅就能导致大气 CO_2 浓度较大的波动。

由于碳元素是自然界与人类生存密切相关的重要元素之一,因此保持碳元素在各圈层的动态平衡,是维持人类生存的重要举措。然而,自工业革命以来,由于人类无节制地滥用自然资源(如毁坏森林、燃烧生物和化石燃料)、改变土地利用方式、排干湿地等活动,对碳元素在地球各圈层,特别是大气圈和土壤圈之间的平衡机制产生了显著的影响,造成大气 CO_2 浓度的持续升高。1750~2005 年,CO_2 浓度已由 280 mL/m^3 上升到 379 mL/m^3,1995~2005 年 CO_2 浓度平均增长速率为 1.9 ppm/a[①]，比 1960~2005 年增加了 0.5 ppm/a，使最近 130 多年（1880~2012 年）的地球表面大气的平均温度升高了 0.85℃（IPCC，2013），而 CO_2 对温室效应的贡献占大气温室气体效应的一半（Ramanathan，1985）。联合国政府间气候变化专门委员会（IPCC）第一工作组第五次评估报告指出，气候变化和其他因素的综合作用可能会对生态系统造成不可恢复的影响（IPCC，2013）。因此，全球变暖已经成为各国政府、科学家及公众强烈关注的问题。国际社会已经提出排放总量和人均排放的控制对策来限制温室气体的排放量，关于国家或区域的温室气体（greenhouse gas，GHG）排放量已成为政府间外交争端与斡旋的焦点之一。IPCC 于 2002 年开始筹备全球碳捕获与固定评估报告，2003 年 6 月在美国又发起并签署了《碳收集领导人论坛宪章》，集中讨论碳汇的区域差异、碳收集政策和技术途径。旨在减缓温室气体排放的《京都议定书》已于 2005 年 2 月 16 日正式生效（Smith et al.，2000a，2000b），成为一部国际法。鉴于全球变暖的严峻形势，2009 年 12 月 7 日~18 日在丹麦哥本哈根召开了联合国气候变化大会，碳排放和碳固定再次成为焦点。其中增加土壤碳库量是减缓气候变暖的重要措施之一。土壤固定与收集大气 CO_2 的容量与潜力成为减缓大气 CO_2 浓度升高的关键点，实现土壤有机碳含量的稳定以及增加成为全球土壤学界的研究热点。

二、研究土壤有机碳变异的必要性

土壤是不均匀和变化的连续体，它的特性既受到自然环境条件和人类活动的制约和作用，又受到随机因素的影响。同样地，SOC 在空间分布上也具有不均一性，是发生变化的连续体。土壤有机碳空间分布受诸多因子影响，如气候、地形、岩性、土壤和土地利用方式等。由于土壤物理、化学过程以及生物过程在不同方向上存在显著差异，SOC 具有随机性和结构性的空间变异性质。同时也有研究表明，即使在土壤类型相同的区域内，同一时刻土壤特性值（物理、化学、生物性质）在不同空间位置上也具有明显差异，即存在明显的空间变异性（Cohen，1990；杨玉玲等，2001；Dai et al.，2018）。Parkin（1993）认为，土壤作为在时间和空间上的连续体，其属性的空间变异是许多因素相互作用的结果，具有尺度上的相关性。

在很多情况下，农业和环保决策的制定都依赖于对土壤属性空间信息的掌握，而大规模的土壤属性空间信息的采集需要花费大量的人力、物力和财力，使得决策的成本过高。因此，研究利用有限的样本数据来获得更为详尽的土壤属性空间分布信息的方法对于科学决策有着重要意义。对于作为重要土壤属性之一的 SOC 而言，高效揭示其空间变异特征是研究土壤碳的前提和基础，而 SOC 空间

---

① 1 ppm=10^{-6}。

分布特征可以反映环境因子的差异对土壤碳库的影响，揭示特定时空的自然现象和人类活动，对全球生态环境研究具有指导意义。同时，SOC变异性的研究将有助于科学利用和保护有限的土壤资源以维持农业经济的可持续发展，在减缓土壤中温室气体排放、增加土壤碳截存、提高土壤质量、对退化土地的生态恢复及环境治理和保护等方面都有重要的意义。

第二节 揭示区域土壤有机碳变异性的几个关键环节

野外土壤调查是通过有限土壤样点获知区域土壤属性空间分布信息的基本手段，也是开展土壤学研究的基础性工作。但由于影响因子较为复杂，SOC通常具有较强的空间异质性，这为准确获取SOC信息带来一定困难。当前，尽管有些学者开始尝试使用遥感反演等新技术手段来获取区域土壤信息，但这些方法仍处在探索阶段，野外实际土壤调查采样和土壤样品实验室分析依然是获得区域土壤信息的主要手段。长期以来，各国学者在不同区域尺度上进行了土壤采样以揭示SOC空间变异信息。然而，相较于日益成熟和规范的土壤实验室分析技术，土壤野外调查采样是常被忽略和相对薄弱的环节。很多土壤学者指出，不合理的土壤野外采样引起的误差远高于实验室分析的误差，并且通常是后者的许多倍（陈怀满，2005）。可见，科学高效的土壤采样计划对揭示SOC信息至关重要。在进行野外土壤调查采样前，首先要制定科学周全的采样计划，而制定采样计划时不可避免会遇到以下几个问题：一是如何选择土壤采样点布设模式较为高效；二是如何确定合理的土壤采样点数量；三是哪种区域高效点面拓展方法更为精准。

一、土壤采样点布设模式的选择

土壤是复杂的历史自然实体，其属性在空间上的不均匀分布（空间变异性）有其独立性和不确定性（随机性），即必然性和偶然性。土壤的不均一性是造成采样误差的最主要原因。土壤是固、气、液三相组成的分散体系，各种外来物进入土壤后的流动、迁移、混合等过程较复杂，所以采集的样品往往具有局限性。一般情况下，采样误差要比分析误差高得多（陈怀满，2005）。

土壤野外调查采样是通过田间实地观察土壤剖面或表层土壤变化，并采集土壤样品进行实验室数据分析来研究SOC的一种基本方法。土壤样品采集是SOC分析的一个重要环节，土壤采样点的代表性是如实、高效反映SOC空间变异性预测的先决条件。因此，制定SOC野外调查计划时，首先需要考虑的是在既定采样区域上采用何种土壤采样点布设模式的问题。即在特定区域尺度上，采用何种采样点布设模式获得的SOC信息更为高效？针对这一问题，需要在采样前进行现场勘察和有关资料的收集，根据研究区地形地貌特征、土壤类型、土地利用方式分布特点等因素确定合理的采样点布设模式。

二、合理土壤采样点数量的确定

在确定了高效的土壤采样点布设模式后,为揭示特定区域上SOC的空间变异性应该在此区域上布设多少个土壤采样点,其科学依据是什么,实际采样点数量的不同会对区域SOC变异性的揭示产生怎么样的影响,这是土壤调查采样面临的又一问题,也是困扰土壤学者进行区域土壤调查的重要问题。因此,为保证土壤采样点的代表性,除了要根据区域土壤特点确定合理的采样点布设模式外,还要通过布设适当的采样点数量,使之能充分代表采样单元的土壤特性。采样点的多少取决于研究范围的大小、研究对象的复杂程度和实验研究所要求的精密度等因素。采样点设置过少,所采样品的偶然性增加,缺乏足够的代表性;采样点设置过多,则增大了采样的工作量,浪费了人力、物力和财力。

高效率的采样方法(高效采样点布设模式和合理的采样点数量)可以较好地揭示土壤属性的空间变异,提高土壤调查、制图的精度,还能为土壤过程预测、模拟更接近土壤实际情况提供基础(Webster and Oliver,1990)。这为研究土壤的经营管理情况、论证其合理利用与改良问题,提高土壤肥力、发展农林牧业生产等提出科学的方案和措施。另外,土壤采样方法的优化也为当前生产的发展与长远的区域治理、国土整治,提出有效的因土制宜发展规划和措施(赵其国等,1989)。然而,在实际土壤空间属性调查与田间试验的调查中,土壤采样经常是较弱的一环,其引起的误差通常是实验室分析误差的许多倍(陈怀满,2005)。因此,不合理的采样所获得的土壤分析数据是没有什么价值的(Webster and Oliver,1990)。可见,土壤采样策略的研究是土壤资源调查、进行SOC时空分异特征及演变趋势研究的重要前提。

三、高效点面拓展方法的优选

SOC空间预测方法是实现SOC含量从离散点信息向面状连续信息转换的有力工具,是揭示SOC空间分布特征的重要手段。在不同区域尺度上,有限的土壤样点数据通过何种点面拓展方法获得的SOC空间变异特征更为精确是揭示区域SOC空间变异不容回避的问题。

土壤是不均匀和变化的连续体,其特性既受到自然环境条件和人类活动的制约和作用,又受到随机因素的影响。在很多情况下,农业和环保决策的制定都依赖于对土壤属性空间信息的把握,而大规模的土壤属性空间信息采集需要花费大量的人力、物力和财力,使得决策的成本过高。因此,研究如何利用有限的样本数据来获得更为详尽的土壤属性空间分布信息,对于科学决策有着重要意义。作为土壤重要属性的SOC,由于受到复杂的成土因素影响,特别是近些年高强度的人类活动使其在各级尺度上均具有较强的空间变异性。准确掌握 SOC 的空间分布特征，对农业和环境管理措施的制定有着重要意义。在大尺度上，SOC 的空间分布特征研究可以改进和创新土壤分类系统，提高土壤调查、制图的质量（杨玉玲等，2001），为区域的土壤管理及土壤质量评价提供前提。中小尺度的土壤空间变异研究有利于合理布设种植结构，有利于改善田间管理，提高农田水肥利用效率，特别是对我国"精准农业"的实施具有重要的意义；SOC 空间分布的定量化研究可以提高田间小区的实验精度，也能在空间上将土壤-作物复合系统的不同作用更形象生动、更深入地呈现在人们眼前，使人们能够更好地理解空间作用对土壤肥力-作物产量关系的重要性，而这些关系的定量化研究是"精准农业"实施不可缺少的基础资料和理论依据（杨玉玲等，2001）。同时，对 SOC 空间分异特征的充分了解，是土壤养分管理和合理施肥的基础，而 SOC 连续空间分布数据是土壤信息系统的重要组成部分，所以 SOC 空间预测方法的研究变得尤为重要。因此，近年来土壤特性的空间变异和空间预测方法研究得到众多农学工作者和土壤科学工作者的关注和重视。对 SOC 空间预测方法的研究是当前土壤科学发展的重要内容之一。而 SOC 空间预测方法研究需要加强 SOC 影响因子的研究，加强与"3S"技术及数学模型的有机结合，以及开展长系列时空变异性和土壤综合特性研究。这些研究不仅是"数字土壤"技术和"精准农业"技术的必经之路，而且也是我国生态环境建设的基本前提。

第三节 国内外研究进展

一、土壤有机碳影响因子研究

土壤有机碳含量是进入土壤的植物残体量及其在土壤微生物作用下分解损失量之间的平衡结果，其库容大小受气候、植被、土壤理化特性以及人类活动等诸多物理、化学、生物和人为因素的影响，而这些因子间的相互作用对 SOC 的动态变化至关重要（Sollins et al.，1996；Curtin et al.，2012；Cheng et al.，2016；Liu et al.，2016）。制约 SOC 含量的主导因子研究是进行 SOC 时空变异研究及碳循环模拟的基础，是农业管理和环境治理措施制定的依据。因此，关于影响 SOC 含量的因子及其定量描述的研究一直受到土壤学家的高度关注（Hounkpatin et al.，2018）。SOC 含量的高低受众多自然和人为因子共同控制。自然因子主要包括气候、地形、植被和土壤性质等；人类活动主要从土地利用和土地覆盖变化、农业生产活动等几个方面影响 SOC 含量，它对 SOC 累积和转化的影响在一定范围内会远远超过自然因子影响的速率和程度。20 世纪 80 年代以来，研究者对 SOC 空间分布的影响因素进行了大量研究。但目前对影响 SOC 空间分布的主导因子及其控制过程，尤其是对在区域尺度下的主导影响因子的研究仍不足，这制约着大气碳收支的准确评估和全球碳循环的模拟研究，是出现全球气候变化预测不确定性的重要原因。

（一）自然因子

1. 气候因子

在有机碳的蓄积过程中，气候因子起着重要的作用。因为它决定了植被种类的分布、光合物质生成量和土壤中微生物的活动强度，因此对 SOC 的固定和矿化分解过程有极大的影响。研究表明，潮湿的气候导致森林植被的形成和灰土、淋溶土的发育，而半干旱气候导致草原植被的形成和软土的发育。草原土壤的腐殖质含量通常较高，超过其他通气良好的土壤；荒漠、半荒漠和某些热带土壤的腐殖质含量最低（Post et al.，1982；Hontoria et al.，1999；Dai and Huang，2006）。

气候因子与 SOC 含量的关系一直是研究的热点（Jobbágy and Jackson，2000；Wagai et al.，2008）。Trumbore 等（1996）的研究认为，相对小的温度变化（±0.5℃）就会使土壤成为大气 CO_2 重要的源或汇，在温度升高 0.5℃后的第一年，森林土壤会释放约 1.4 Pg 的碳，即相当于每年燃烧化石燃料释放碳量的 25%，在全球范围内温度升高 0.5℃会使处于稳定状态的土壤碳库下降约 6%；温度的变化会导致 SOC 分解速率的变化，从整个陆地生态系统来讲，温度每升高 1℃，全球陆地土壤将分解释放 11~34 Pg 碳到大气中（Batjes，1996）。Homann 等（1995）发现西俄勒冈州森林区 SOC 含量均随着年均降水量和年均温度的增加而增加。在西班牙半岛 SOC 储量随年均温度的降低和年降水量的增加而增加（Hontoria et al.，1999）。Homann 等（2007）研究表明，美国大陆七个生态区内的气候和矿质土壤 20cm 表层 SOC 密度的关系差异是由于各区内环境条件的差异造成的。Dai 和 Huang（2006）探讨了气候对中国六个大区内的地带性 SOC 的影响，结果认为不同地理区域 SOC 的主控气候因子不同。张勇等（2008a）对中国西南部的滇黔桂地区 SOC 与气候因子关系的研究表明，该地区的 SOC 含量受气温的影响较大，而受降雨的影响较小。王丹丹等（2009）对东北地区旱地 SOC 含量与气候因子之间关系的研究表明，气候因子对旱地 SOC 含量的影响随幅度的增加而增加，对县级幅度和市级幅度的影响不显著，到省级幅度和大区级幅度的影响则达到显著。

2. 地形因子

地形因子（如坡度、坡向等）由于受太阳辐射、蒸腾蒸发、水分入渗等的影响，进而影响到植物生产力、凋落物归还量与分解量，使 SOC 含量产生分异（Jenkinson et al.，1991；Frogbrook et al.，2010；Hoffmann et al.，2014）。目前，国内外一些学者也对地形因子与 SOC 含量之间的关系进行了研究。Smith 等（1951）研究发现，随着海拔的增加、降雨量的增大和气温的降低，山顶土壤 SOC 含量显著高于山底土壤。Dai 和 Huang（2006）通过对中国不同地区 SOC 含量的影响因素进行分析，表明地形因子中的海拔与 SOC 含量具有显著的正相关。张勇等（2008a）研究中国西南部滇黔桂地区 SOC 含量与地形因子之间的关系，发现坡度和坡向二者与 SOC 含量之间呈显著和极显著相关，其中坡度的相关性大于坡向，但平面曲率和剖面曲率两个因子对 SOC 含量的影响未达显著水平。贾宇平等（2004）对黄土高原沟壑区小流域 SOC 空间变异特征的研究表明，不同地形和地貌部位的 SOC 含量存在较大差异，同层次内沟坝地 SOC 含量比梁峁地高。不同地貌部位剖面 SOC 含量的变幅情况是：在 80 cm 以上，沟坝地明显大于梁峁地；80 cm 以下，二者大体相当。

3. 植被因子

土壤有机碳主要来源于植被地上部分的凋落物及其地下部分根的分泌物和细根周围产生的碎屑，不同植被条件下，土壤中有机碳的含量有很大变化（邓万刚等，2008）。张凤荣（2002）研究表明，草原植被尤其是一年生草本植物每年均有大量的死亡根系进入土壤碳循环过程；而森林植被 SOC 的主要来源多为枯枝落叶。这些差异决定了不同植被类型下 SOC 输入量的差异。在气候相同时，草原 SOC 含量约为森林 SOC 含量的 2 倍。据 Jobbágy 和 Jackson（2000）的研究，灌木林、草原和乔木林 20 cm 土壤表层有机碳含量占 1 m 深度土层中有机碳含量的百分比分别为 33%、42% 和 50%。根系的垂直分布格局和光合产物的分配共同决定着 SOC 的垂直分布特征。根系的垂直分布（如深根系、浅根系）直接影响输入到土壤剖面各个层次的有机碳数量；而且随深度的增加，分解者活动减弱，导致植物碎屑在土壤中的位置越深，分解越慢。Berger 等（2002）研究表明，不同类型植被将形成特定的土壤表层小气候。如人工林由于冠层的遮阴作用和较大的蒸腾速率，一般情况下土壤表层较草地土壤表层的温度低且较为干燥，从而导致其地表凋落物的分解速率下降。

4. 成土母质及土壤性质

土壤理化性质，如土壤质地、pH 和养分含量是影响 SOC 含量的重要因素。成土母质是土壤形成的物质基础（黄昌勇和徐建明，2010），它不但直接影响土壤的矿物组成和土壤颗粒组成，而且在很大程度上影响着土壤理化性质以及土壤生产力的高低，母质的某些性质可能长期保留在土壤性质中。因此，成土母质与 SOC 含量之间也必然存在一定的联系，但关于这方面的研究有待深入探讨。Oades（1988）研究钙质土时发现，有机碳含量与黏粒比例呈显著正相关，在黏粒含量达

42%时，SOC 含量在 8 年内基本稳定不变；在黏粒含量为 12%时，SOC 含量在 8 年后下降至 30%；当黏粒为 5%时，SOC 含量在 8 年后下降至约 50%。黏粒含量与 SOC 含量之间的关系还表现在黏粒对土壤水分有效性、植被生长的正效应方面。Arrouays 等（1995）进行的研究也得出类似的结论，SOC 含量与黏粒含量呈明显的正相关，黏粒含量是影响 SOC 分布的最重要特性。黏粒对 SOC 的分解具有明显的抑制作用。但也有研究表明，土壤质地与 SOC 含量之间没有明显关系。如 Giardina 等（2001）研究认为土壤碳、氮矿化速率与土壤黏粒含量无关。Arrouays 等（1995）通过对法国 102 000 个耕作土壤表土的有机碳数据的统计分析，也认为成土母质和土壤质地（黏粒含量）对于土壤碳水平有重要控制作用。王丹丹等（2009）在东北地区对旱地 SOC 的研究表明，成土母质是县级尺度上 SOC 密度的显著影响因子。

（二）社会经济因子

1. 土地利用方式

土地利用方式的变化直接和间接（通过改变土壤有机质的分解速率）地影响 SOC 的含量和分布（Darilek et al.，2009）。在诸多活动中，将自然植被转变为耕地是干扰土壤碳库和碳循环的最重要因子（李甜甜等，2007）。不同的土地利用方式在空间和时间上的植被差异性，使土壤中有机碳的积累和释放也有很大的差异（邱扬等，2002）。Watson 等（2000）研究认为，在 1850～1998 年，由于土地利用变化引起的全球碳排放量达 81～191Pg，占总排放量的 33%，其中大部分由毁林引起。Lal（1976，1986）的研究表明，毁林后耕作 15 年的 SOC 损失达 70%之多。损失的绝对量还取决于气候条件、管理措施及其原来土壤的初始碳含量，有机碳含量越丰富的土壤，损失量越大。周广胜等（2002）认为，草原占陆地生态系统总面积的 16.4%，储存的碳量为 3.08×10^{11} t，其中约 90%储存在草地土壤中。当草地转变为农田，SOC 的损失达 30%～50%。在 1850～1980 年，由于草地转变为农田，草地生态系统的碳素净损失量约为 10×10^9 t。在农田转变为林地的过程中，土壤中有机碳的含量逐渐上升，并最终有大幅度增长。根据 Jenkinson 等（1991）对一些原来为农地的森林进行的追踪调查，在 15 cm 以内的表土层有机碳含量在造林 83 年后增长了 80%。

2. 农业耕作措施和管理

相关数据显示，耕作制度、轮作体系、作物残留物的管理方式等都对 SOC 储量和转化产生影响（Ding et al.，2012）。土地的撂荒、轮耕和免耕都会不同程度地增加 SOC 含量。长期免耕可以提高土壤表土层微生物生物量碳、氮含量，通过凋落物的转化增加了有机碳的蓄积量（王绍强和刘纪远，2002）。免耕更能够促进真菌的生长和真菌菌根的增生，显著提高土壤微生物量及微生物种类，使更多不稳定的碳固定积累，减少由于矿化引起的损失。李忠佩等（2003）发现，红壤在水耕条件下，SOC 的积累过程在 30 年内呈快速增长趋势，之后趋于稳定。轮作是保持和提高农业生态系统持续性的重要管理措施。Gregorich 等（2001）通过 35 年的试验研究，结果表明玉米与豆科作物在轮作模式下的 SOC 含量比玉米单作高 20 Mg/hm^2。李忠佩和唐永良（2002）针对中国东部红壤研究了林粮轮作对 SOC 含量的影响，结果表明相对于常规耕作下小于 7 g/kg 的 SOC 含量，林粮轮作下的 SOC 含量较高，为 9～11 g/kg，达到红壤的中高肥力水平。一些定位试验研究表明，使用无机肥、有机肥、绿肥在一定程度上能促进 SOC 储量的增加。潘根兴等（2006）研究表明，化肥的施用能够有效提高农作物的生物产量，而地上部分与地下部分生物产量之间存在显著正相关，所以土壤中作物残茬和根输入量的增加是提高有机碳含量的重要途径。沈宏等（1998，1999）研究表明，有机肥或与无机肥的配合施用，既能补充有机碳源，又能改善土壤物理性状，使 SOC 含量和活性有机碳含量均增加。但长期单独地施用无机肥，会使土壤中难氧化有机碳含量上升、土壤有机质老化。焚烧秸秆是一种普遍采用的措施，这种管理方式直接造成了碳的释放，并且加快了 SOC 的损失。Oyedele 等（1987）的研究表明，秸秆还田能显著增加表层土壤的轻组有机碳含量。周江明等（2002）研究认为，秸秆还田是缓解 SOC 损失较好的管理方式,秸秆还田方式和数量以及还田作物的类型影响着 SOC 的形成。腐烂的稻草能与土壤完全相融，使有机胶体与土壤矿质黏粒复合，从而促进土壤团粒结构的形成，改善土壤的结构，减少因水土流失而损失的 SOC 量。

二、土壤样点布设模式的研究

目前获取土壤信息的主要方法仍然是采集田间土壤样本、室内测定分析。土壤样品采集是研究土壤属性空间变异性的重要环节，采集具有代表性的土壤样品是客观反映土壤环境状况的先决条件。因此，进行土壤的布点与采样是十分必要的，高效的采样策略一直是土壤学家追求的目标之一。高效采样策略的目标是在满足需求精度的前提下，用合理的采样点布设模式、适宜的采样点数量能够高效揭示土壤属性的空间分布特征，尽可能节省采样成本。样本调查技术同其他科学研究方法一样，有严格的操作步骤，只有按规定的步骤进行，才能保证样本的真实性。

在实际土壤采样中，土壤学家发明了大量的采样方法，这些方法各有优缺点，适用于不同的情况。土壤属性变异性的取样方法较多，主要包括基于 Fisher(1956)统计学原理的随机取样方法、基于传统地学知识的分类采样（亦称为分区采样）以及适合地理信息系统分析的网格取样方法。

（一）随机布设土壤采样点的研究

随机取样方法是基于统计学原理的取样方法，从完全的总体中抽取一定数量的样本。土壤科学研究者一直广泛采用以这种设计为基础的取样方法。随机采样在实际采样中应用广泛，如 Picone 等（2003）在阿根廷布宜诺斯艾利斯省东南部的 EEA-INTA 实验站（37°45′S，58°18′W）通过随机采样的布点方式在 6 m × 3 m 的草地实验小区内进行采样，研究了磷肥的释放速率及其对微生物生物量的磷含量的影响，发现施肥 3 年后的干物质积累量比未施肥的对照高出 31%，有效磷含量和微生物生物量的磷含量呈显著相关关系。Lamé 等（2005）在荷兰采用随机布设采样点的方法，研究了通过混合采样点来获得重金属污染数据的可行性，并使采样点由 10 个增加到 200 个，发现随着采样点数量的增加，混合样品对采样区域的污染物浓度有更好的代表性。曾伟等（2006）在浙江省龙游县的低丘红壤地区随机采集了 125 个土壤样品，采用 GIS 和地统计学相结合的方法，分析了表层土壤的有机质和有效氮两种养分的空间变异特征。李翔等（2007）从 262 个采样点中随机抽取 200 个样点作为已知有机质含量的数据集，将所有采样点的碱解氮作为辅助数据预测有机质的空间分布。

随机取样方法主要关键技术是随机抽取样本，这能够保证样本选择的无偏差。统计学家们认为这是对总体最好的估计，因为它意味着估计值有着最小的取样方差，现已证明随机取样的样本均值和样本方差均较好地作为总体的最佳估计。其中，简单随机采样从一定区域中选择取样地块时，可以应用随机发生器来选择采样的位置，区域内的每个地块均有同等机会被抽取。然而需要指出的是，该采样设计常出现样本不均匀或成堆分布的情况，从而导致未采样区域的土壤特性具有很大的不确定性（张仁铎，2005）。因此，这种方法不适合土壤信息时空变异性的研究。

（二）按土地利用和土壤类型布设采样点的研究

按类型采样也是实际土壤调查采样中的常用方法，该方法是把研究区域划分成性质较为均匀的类型区，然后分别独立地从每一个类型区中进行采样。按类型采样的好处在于假如总体中的各个类型区之间存在明显差异，而这一性质在调查前已经知道，如丘陵地区的坡地和沟谷中的稻田由于地形及种植利用方式等不同而造成土壤性质的较大差异，则可以利用该信息将总体划分为若干较为均一的同质类型区，在每一类型区内随机采样，从而提高取样精确度，降低取样误差（杨俐苹，2000）。

Brus 等（1999）先将研究区按地理单元分区，在类型区内随机采样，进而对土壤属性进行预测，利用地统计的变异函数来评价分层采样精度，认为空间自相关距离越大，块金效应越小，分类的采样效果越好。Cipra 等（1972）比较了不同地块、同一地块不同小区、同一小区不同样本的几种土壤肥力特性（有机质、磷、钾等），研究发现不同区域地块与地块之间的变异最大，其次是地块内取样小区间的变异，同一取样区域内样本间的变异最小。可见，在某些地区进行分区采样是有必要的。土壤类型与 SOC 变异性的研究一直受到重视，大量的研究发现土壤类型对 SOC 变异性影响较大（Grossman et al.，1998；Yu et al.，2007；Zhang et al.，2008a）。在实际采样中，基于土壤类型分区的采样被广泛使用。如 Visschers 等（2007）在荷兰全国范围内使用土壤分区采样的方法采集了 2524 个样点，分析发现该采样布点模式较随机采样能取得更好的效果，是其国家采样布点策略的较好选择。Sankey 等（2008）在美国蒙大拿州南部地区基于土壤类型采集了 106 个土壤样品，通过光谱技术对面积约 300 km^2 草地的 SOC 进行了空间预测。人类活动直接导致土地利用的变化，不同土地利用方式间的 SOC 变异性存在较大差异（Rezaei and Gilkes，2005；Zhao et al.，2007a），因此根据土地利用方式布置采样点也是主要的采样点布置方式之一，如 Wei 等（2008）在中国东北黑土区一面积为 992 hm^2 的典型小流域内根据土地利用类型采集了 292 个耕层土壤样品，采用经典统计学和地统计学相结合的方法研究了各土地利用类型内土壤碳含量及其空间分布。考虑到土壤类型和土地利用方式对 SOC 变异性均有重要影响，在实际采样中有学者采用两者兼顾的方法进行采样，如 Huang 等（2007）在中国如皋市（1593 km^2）兼顾土地利用和土壤类型共采集土壤样品 342 个，研究了全市范围土壤有机质的时空变异特征。Chai 等（2008）在北京平谷区（993 km^2）考虑了土地利用方式的同时也兼顾土壤类型的方法共采集 201 个土壤样品，比较不同的空间预测方法对土壤有机质的空间预测精度。邵学新等（2007）考虑了土壤类型、土地利用状况、区域之间样点分布的均匀性等因素在江苏省张家港采集土壤样品 547 个，研究了该地区土壤中农药的残留状况，预测了其空间分布特征，并分析了农药潜在来源。

（三）区域规则网格布设采样点的研究

随着地统计学、计算机技术以及空间技术的广泛应用，发达国家的许多研究人员已运用地理信息系统（GIS）、全球定位系统（GPS）等研究土壤肥力时空变异规律。网格取样法通常的做法是把一张网格叠加在地块或取样区域的地图上，选择离每个网格交汇点（或网格中心点）最近处为取样点，在每个取样点处的一定半径范围内取 5~10 个钻土样混合为一个土样。网格的大小是变化的，这取决于地块的变异性和其他因素。较精确和现代化的手段是采用卫星定位系统，准确确定取样位置。由于网格取样法是用规则的网格叠加在地图上，因此用它在图上选择取样点十分简单，但是网格交汇取样点在地形复杂或地块面积小的地区地面上确定起来却比较困难（杨俐苹，2000）。特别是像我国这样以分散经营为主的广大农村地区，地形复杂，地块面积小，且不均匀。因此网格取样点的实际地面定位更难以进行。此外，由于网格分布是均匀的，所以对于地块分布不均匀的地区，密度小地区的每个地块有更高的被抽中的概率，密度大地区的每个地块被抽中的概率就少些。而且由于网格取样方法不是一种完全随机的方法，因此其方差估计可能会有偏差，但对于平均值的估计应该接近随机抽样方法。

近些年来，在研究 SOC 的空间分布和演变时，利用网格样点布设模式进行的土壤采样越来越多（Kravchenko，2003；Bellamy et al.，2005；Kerry and Oliver，2007）。Wang 和 Qi（1998）通过对规则网格采样、随机采样、分区采样的比较，研究采样模式对土壤属性的空间变异结构特征的影响，发现采样模式对变异函数有着重要影响，在采样点数量相同的情况下，规则网格采样对土壤属性的预测精度最高。由于研究目的和要求不同，网格的大小也不相同，可以从平方米等级到平方千米等级不等，如 Bellamy 等（2005）基于 5km×5km 的网格采集的 5662 个土壤剖面计算了英格兰和威尔士 1978~2000 年的 SOC 含量变化速率；李玲等（2007）在河南省西北部通过 2.5km×2.5km 的网格进行土壤采样点布设，共采集土壤样本 110 个，对研究区内土壤质量及其变化进行分析；Sumfleth 和 Duttmann（2008）在中国江西省选择了 $10km^2$ 的研究区，基于 150m×150m 的网格共采集表层土壤样品 212 个，结合地形和遥感辅助数据较好地预测了土壤碳的空间分布状况；Bayramin 等（2009）在土耳其北部半干旱高原地区利用平均间隔为 64m 的网格法进行采样，研究了土地利用方式的变化对土壤侵蚀敏感性的影响；赵娜娜等（2007）以 20m×20m 的网格法在一化工厂周围进行采样，研究了污染场地中多种污染物的空间分布规律及不同土壤类型对污染物降解的差异性；Gallardo 和 Parama（2007）使用 0.25m×0.25m 到 2m×2m 大小不等的网格，共采集 389 个土壤样品，研究了西班牙西北部两个植物群落的 SOC 变异性。

另外，一些学者还根据土壤调查的特殊目的和要求，发展了其他一些土壤采样点布设模式，如断面布点、辐射布点、组合布点等。

三、采样点密度与区域土壤有机碳变异性关系的研究

在影响揭示 SOC 空间分布特征的因子中，采样点数量一直是土壤学家关注的焦点，同时采样点数量也直接关系到土壤调查时的采样成本（人力、财力、物力和时间）。因此，在制定优化的土壤野外调查采样方案时，确定揭示 SOC 空间变异所需的合理采样数目一直是值得探讨的问题。

（一）采样点密度与区域土壤有机碳空间变异性

采样点数量对揭示 SOC 空间变异性的影响一直是土壤学的研究热点，Wilson

等（1998）指出，采样密度会影响土壤特性的空间分布图及属性值。近些年，关于不同采样密度 SOC 变异性的研究取得了一定进展，主要集中于几十平方米到几平方千米不等的较小区域（Bourennane et al.，2000；Li et al.，2007；Sahrawat et al.，2008）。

（1）一些学者在特定的区域上研究了不同采样密度的 SOC 变异性，如 Mueller 和 Pierce（2003）在 Shiawassee River 流域 12.5 hm^2 的田块分别通过 30.5 m、61.0 m 和 100.0 m 间距进行采样，发现三种采样密度下碳数据结合地形因子的回归分析分别能解释土壤碳变异性的 66%、77%和 89%，认为 100.0 m 采样间距即可有效揭示土壤碳空间分布。Sahrawat 等（2008）在印度东南部 5 km^2 缓坡小流域内，用分层随机采样的方法采集土壤样品 114 个，并利用依次减少 5 个样点的方法，研究 20 个密度等级的 SOC 平均含量和变异系数，发现两者随采样密度的变化均未达到显著水平，认为这与平缓的坡度和统一管理措施有关。Bourennane 等（2000）在巴黎盆地西南部 380 hm^2 的研究区均匀采集了 150 个样点，通过随机重采样的方法分别从中选取 40 个、50 个、75 个、100 个和 125 个样点，比较了多种预测方法在不同采样密度下对揭示粉质黏壤土厚度空间分布的精度差异。Li 等（2007）在浙江上虞 10.5 hm^2 的滨海盐碱地上用 20 m × 20 m 网格采集了 160 个土样，通过随机选取 40 个、70 个、100 个和 130 个样点，比较不同样点数量对揭示土壤盐分空间分布的精度差异。

（2）一些学者在固定采样密度的前提下，对影响因子不同的多个研究区的 SOC 变异性与采样密度关系进行对比研究。如 Kerry 和 Oliver（2003）在英格兰南部面积分别约为 12hm^2 和 44hm^2 的 Yattendon 和 Wallingford 的两个田块上分别通过 30 m、60 m 和 90 m、120 m 的采样间距进行采样，研究了不同田块、不同采样密度对土壤属性空间分布特征的影响。时隔几年后，Kerry 和 Oliver（2007）又在英国南部 6.9 hm^2（黏质土）和 10.5 hm^2（砂质土）的两个农场利用 20m × 20m 网格采样，通过重采样获得间距为 20 m、40 m、60 m 和 80 m 的四个密度等级，发现两个农场的黏粒含量变异系数分别由 1.13 和 0.25 上升为 1.58 和 0.32，均随采样密度的降低呈增加趋势。

（3）一些学者在研究区面积和采样密度均存在差异的情况下，进行不同采样密度 SOC 变异性研究。Kuzel 等（1994）在捷克南部平原 29 hm^2 的始成土田块上采用 100 m × 100 m 的网格进行采样，并在研究区内 1 hm^2 面积上以 10m ×10m 的网格进行采样，发现土壤有机质（soil organic matter，SOM）变异系数在两种采样密度情况下的差异很小，均为 26%左右。Steffens 等（2009）在内蒙古锡林郭勒草原 24 hm^2 的持续放牧草场上进行小密度（50 m 间距加局部 15 m 间距嵌套）采样，同时在内部约 1 hm^2 的面积进行大密度（15 m 间距加局部 5 m 间距嵌套）采样，研究两种采样密度的 SOC 变异性，发现小密度采样的变异性较大密度提高了约 23%。

（二）揭示区域土壤有机碳空间变异的合理采样点密度

在研究土壤属性空间变异性时，采样点数量的合理确定是必须面临的一个问题，对于制定高效的采样策略有重要意义。近些年，土壤采样点数量的合理确定及采样点数量与土壤属性空间预测精度之间量化关系的研究也取得了一定进展。关于确定合理采样点数量的方法主要有以下几种。

（1）基于经典统计学的估算方法，土壤合理采样点数量主要根据土壤属性的变异性大小来确定。Curran 和 Williamson（1986）基于统计学原理，利用数学公式计算了草地不同允许误差下的最佳采样点数量。Conant 和 Paustian（2002）利用美国农业部的土壤调查数据研究了全国、州和县三个尺度的草地 SOC 变异特征，其变异系数在三个尺度上分别为 63%、54%和 39%，表现出随尺度的减小而减小，并在此基础上估算了未来采样时所需的采样点数量，且查明三种尺度下所需的采样点数量分别为 501 个、224 个和 34 个（90%的置信区间）。Yan 和 Cai（2008）通过中国第二次土壤普查剖面数据，利用中心极限理论，计算了若要获得可靠的全国 SOC 密度所需的土壤剖面数量为 4000 个，其中旱地土壤剖面需要 1250 个（95%的置信区间）。张世熔等（2007）在江西省兴国县面积分别为 579.3 km^2、26.4 km^2 和 0.038 km^2 的三个尺度上进行采样，通过区域随机抽样理论，计算了在三个尺度上研究全氮空间变异性所需的合理土壤采样点数量分别为 58 个、46 个和 37 个（95%的置信区间）。赵伟等（2008）在 1 km^2 研究区域内，利用 Cochran（1977）的区域纯随机取样理论和公式计算了 N、P 养分在 15%的适宜误差范围内合理采样点数量分别为 3 个和 25 个（95%的置信区间）。

（2）根据制图比例尺及土壤调查强度指标来确定所需布设的样点数量（赵其国和龚子同，1989）。这种方法一般参照加拿大各成图比例尺的土壤调查强度指标，如低强度土壤调查要求图幅中每平方厘米有 0.37 个采样点，很低强度要求达到每平方厘米有 0.08 个采样点。我国 1999~2004 年开展的"土壤质量演变规律与持续利用""973"计划项目（编号 G19990118）中，对太湖流域土壤采样点数量的确定就是依据这一原则确定的。太湖流域面积除去城市、水域和丘陵山区等非采样区域，面积大约为 3 万 km^2，由此计算得到低强度下大约需布设采样点 1700 个，很低强度下需布设 400 个采样点，最终考虑多方面因素，将采样数量定在 1600 个，基本达到低强度调查的要求，满足中等比例尺制图的要求（曹志洪和周健民，2008）。

（3）利用地统计学理论和方法确定合理采样数目，根据土壤属性半方差函数的自相关距离来确定采样间距。在地统计学中，由于作为区域化变量的土壤属性存在空间自相关性，其采样间距应该与其自相关距离密切相关。在空间分析中，一般认为在揭示某一土壤属性的空间变异特征时，合理的土壤采样间距应不大于变异函数变程的 1/2（Flatman and Yfantis，1984），如果采样间距大于变程，克里金法只是返回了邻域内这些样点观测值的平均值。McBratney 和 Webster（1983）较早地详细讨论了应用地统计学方法确定合理采样点数量的方法，并以 pH 数据为例加以说明。Kerry 和 Oliver（2003）在英格兰南部 10.35 hm^2 和 43.54 hm^2 的两个田块用间距为 30m 的网格进行采样，发现每个田块上的电导率、粮食产量、地形因子等辅助因子与体积含水量等土壤属性具有相似的半方差结构，故根据辅助因子的半方差函数自相关距离的一半，可确定两个田块的合理采样间距分别为 50 m 和 100～120 m。其后，Kerry 和 Oliver（2007）在英国南部的四个田块上的研究表明，在无法得知土壤属性半方差结构的地区，可以利用与其具有相似母质、地形特征的其他地区相同属性的半方差函数的自相关距离作为参考，并取得较好的结果。

（4）一些学者通过不同采样密度下土壤属性空间预测精度的比较及所需预测精度来确定合理采样点数量。Mueller 和 Pierce（2003）在密歇根州中部 12.5 hm^2 的田块上进行网格采样的基础上，通过 30.5 m、61 m 和 100 m 三种采样间距上利用回归克里金方法对土壤碳预测精度进行对比，其预测 RMSE 分别为 3.0 g/kg、3.2 g/kg 和 3.8 g/kg。Li 等（2007）在浙江上虞县的 10.5 hm^2 的滨海盐碱地上用 20 m × 20 m 网格采集 160 个土样，在此基础上通过随机选取 130 个、100 个、70 个和 40 个样点，比较了不同采样点数量下对土壤盐分的空间预测精度，其中回归克里金（RK）方法在各样点数量下的预测误差 RMSE 分别为 32.15 mS/m、27.22 mS/m、27.68 mS/m、31.30 mS/m 和 39.38 mS/m。姚丽贤等（2004）在广东省三水市大塘镇大塘村蔬菜基地面积约 100 hm^2 的田块上，在网格采样的基础上进行抽取样点，形成 50、100 和 150 三个采样点数量等级，对土壤有机质等属性进行空间预测，其对有机质预测误差 RMSE 在三个采样点数量等级上分别为 1.36 g/kg、1.25 g/kg 和 1.18 g/kg。王珂等（2001）采用地统计方法研究了草地土壤养分的空间变异性，对不同采样间距的采样点的预测结果进行对比，以获取满足一定精度下的最少采样点数量。

四、土壤有机碳空间变异特征的预测模型研究

在土壤野外调查中，优化的样点布设模式及合理的采样点数量均对提高采样效率至关重要。然而，有限的土壤采样点往往不能满足连续表面的分析要求。若揭示土壤属性的空间分布特征，必须通过相应的空间预测方法。空间预测方法是土壤属性实现由点到面的尺度转换，从而实现土壤属性空间分布的定量表达的方法，是研究土壤属性空间分布特征的必要手段。土壤属性空间预测方法是土壤学研究的热点问题之一（Luis and Antonio，2015）。多年来，许多预测方法已用于实

现土壤属性的点面拓展，现将其总结如下。

（一）属性数据-土壤类型图连接拓展方法

研究土壤变异性的方法之一是依据成土因子和土壤性质将土壤划分为内部相对均一的分类或制图单元，把土壤的连续变异转化为土壤单元间的差异，然后将采样点的属性数据赋予相应的土壤图斑，实现土壤属性由点到面的尺度转换。如目前应用较广的 PKB 方法（pedological knowledge based method），它就是基于土壤学专业知识的土壤样点和图斑连接方法，它是以土壤成土母质相同或相近、土壤类型一致与相似性、土壤采样点位置与图斑分布区域一致或邻近等原则为基础，把土壤有机质、有机碳等属性数据与相应的土壤图空间单元相连接（Shi et al.，2006）。Bolin（1977）利用此方法并基于美国 9 个土壤剖面的有机碳含量，推算了全球的 SOC 储量及分布。Eswaran 等（1993）利用 16 000 个土壤剖面数据，预测未来全球的 SOC 储量及分布。Zhao 等（2006）利用该方法基于 1∶50 万～1∶1000 万 5 个比例尺的土壤图对河北省 SOC 储量及空间分布特征进行预测。张勇（2008b）基于 1∶50 万～1∶1000 万的 5 个比例尺预测了滇黔桂地区 SOC 密度空间分布特征。但这种方法反映的只是土壤图图斑之间的差异，是一种离散化处理方法，表现出来的是一种"突变"，而非"渐变"，虽然在一定程度上描述了土壤的空间变异情况，但很多情况下仍难以确切地描述土壤性状的空间分布。

（二）趋势面分析法

趋势面分析是拟合数学面的一种统计方法，能有效地分析某一种属性数据在空间上的分布规律与变化趋势。趋势面分析法是以多元回归分析理论为基础的一种多元统计分析方法。趋势面是一种抽象的数学曲面，通过抽象并过滤掉一些局域随机因素的影响，使得某一事件要素的空间分布规律明显化。所以空间趋势面并不是某一事件要素的实际分布面，而是一个模拟该事件要素空间分布的近似曲面。土壤属性在空间上的变化往往是很复杂的，对于某一点的观测值往往由两部分组成：一部分是反映研究区域内大范围的区域性变化，受区域性的因素控制，在统计学上被称为趋势（trend）；另一部分是反映小范围的局部影响，受局部因素的控制，在统计学上被称为剩余（或残差），在剩余中还包含有随机因素的影响，其中包括观测误差、实验误差等。通过趋势面可以将两部分分开研究。由于趋势面分析法是多元统计分析方法中的一种，可方便地应用于多变量、多样本的海量数据处理（赵永存，2005）。

Davies 和 Gamm（1970）运用趋势面分析法对英格兰 Kent 县土壤 pH 的空间分布进行了预测。Kiss 等（1988）用此方法研究了加拿大中南部萨斯喀彻温省排水状况良好且没有侵蚀发生的农业土壤中的 ^{137}Cs 空间分布模式，由于其分布模式非常复杂,采用二次趋势面方程不能充分描述这种复杂性。Edmonds 和 Campbell（1984）利用网络气象站点对弗吉尼亚及其相邻州的土壤年平均温度进行了空间预测,结果表明三次趋势面方程能够解释观测变异的 71%。王心枢和李廷芳（1985）在北京平原地区采用多项式拟合趋势面的方法,利用趋势面叠加残差编制计算机绘图程序,绘制了其土壤铜背景图。田均良等（1991）以 Mn、Cu、Zn、As 等 13 个元素为例,在中国黄土区域内,兼顾黄土及土壤的分布规律进行随机布点,选取 64 个典型剖面,讨论了这 13 种元素在黄土高原的分布与含量,利用趋势面分析等数理统计方法,揭示了黄土中元素的某些环境地球化学特征及元素背景值的分异规律。王江萍等（2009）回顾和评述了趋势面分析法在环境领域中应用的范围和效果,总结了趋势面分析法在环境领域应用中的优势和不足,进而提出趋势面分析法与 GIS 技术相结合是一种解决相关环境问题的更为有效的方法,在区域污染研究中将发挥更重要的作用。

　　土壤性质的空间变异呈现随机性、非周期性、不规则性,趋势面方法有时会因土壤中元素含量的随机变异性太强而影响效果（赵春生等,1995；赵永存等,2005）。实际应用中往往用次数低的趋势面来逼近起伏变化情况比较简单的观测值,用次数较高的趋势面去逼近起伏变化情况比较复杂的观测值。从空间上讲,趋势面方程只适合表达土壤属性的宏观分布趋势而不适合表达复杂的空间模式。如果采用次数很高的趋势面方程,可以大大提高方程的拟合度,但往往会出现过拟合现象,所获得的预测结果也与土壤属性的实际空间分布状况有很大的差异,次数较高的趋势面只在观测点附近有较好效果,在外推和内插方面的效果不好（赵永存,2005）。

（三）地统计学方法

　　地统计学方法是以区域化变量为核心和理论基础,以矿质的空间结构和变异函数为基本工具的一种数学地质方法,它是应用数学迅速发展的一个分支,最初用来预测矿物储量（Matheron,1973）,20 世纪 70 年代被成功地引入土壤科学研究领域。20 世纪 70 年代中后期,美国陆续将地统计学理论应用于土壤调查制图及土壤学,Campbell（1978）在研究两个土壤制图单元中土壤砂粒含量与 pH 空间变异时,首先采用了地统计学方法。20 世纪 80 年代以来,地统计学方法被用来进行土壤学的研究（ten Berge et al.,1983；Vauclin et al.,1983；徐吉炎和韦甫斯特,1983；Edmonds and Campbell,1984；Addis et al., 2016）,并取得了很大成功。20 世纪 90 年代以来,我国也利用地统计学方法开展了一些土壤理化性质的研究（龚元石等,1998；王绍强等,2000；郭旭东和傅伯杰,2000）。

　　地统计学中的克里金方法是在经典统计学的基础上,充分考虑变量的空间变化特征、相关性和随机性,并以变异函数为基础建立的一种最优、线性、无偏内插估值方法,不但可以预测土壤属性的空间分布特征,而且能够表达预测误差(史舟和李艳,2006)。McBratney 和 Webster(1981)研究了苏格兰北部一条样带上土壤分布的空间变异特性,通过空间变异函数计算心土的相关特性,结果发现在一定尺度下土壤颜色有很强的空间相关性,而土粒大小的相关性很小,据此进行的土壤分类和实际测量非常接近。Greenholtz 等(1988)研究了田间条件下土壤水分的空间变异特征,结果发现导水率、饱和水压、孔径以及颗粒组成均呈现出一定程度的空间相关。Mishra 等(2009)在美国印第安纳州使用 464 个剖面数据,通过普通克里金方法预测了地表深度小于 1m 范围内各层次 SOC 含量的分布状况。国内王其兵等(1998)较早应用地统计学对内蒙古锡林河流域草原的 SOC 及氮素的空间异质性进行了分析研究,并应用空间局部内插法绘制出了两个因子的空间等值分布图。郭旭东和傅伯杰(2000)结合 GIS 手段研究了河北省遵化市土壤表层碱解氮、全氮、速效钾、速效磷和有机质 5 种养分的空间分布特征。李子忠和龚元石(2000)应用经典统计学和地统计学的方法对两种不同利用类型的土壤含水量及电导率的空间变异性进行了对比分析,结果表明应用地统计学方法的采样效率比经典统计学方法高 6~8 倍。刘付程等(2006)运用地统计学的克里金方法分析了太湖流域典型地区耕层土壤酸度的空间分异格局。Huang 等(2007)依据中国某县域不同时期的土壤样品用普通克里金方法对土壤有机质进行空间预测并描绘出其空间分布状况。在地形复杂地区,普通克里金方法的应用有一定的局限性,而泛克里金方法以趋势面方程分离漂移趋势(drift)、降低不平稳性后,再对残差进行普通克里金估计(Webster and Burgess,1980),在一定程度上可以减小普通克里金的局限性。

地统计学虽然在研究土壤空间变异性上取得了很大的成功,但不可否认,在很多情况下,其结果的准确性还有待进一步提高。因为地统计学的应用基础首先要符合内蕴假设,而土壤性质的空间变异性是否符合内蕴假设尚不清楚(秦耀东,1992)。半方差函数的拟合曲线选择受主观因素影响较大,同时取样数目直接影响变异程度的高低(Bahri and Berndtsson,1996;Western et al.,1998),合理选择采样点间距问题尚待进一步解决。此外,目前利用地统计学对区域尺度范围内的土壤空间变异性研究方法仍有待进一步完善。

(四)成土环境-土壤性质相关拓展法

一些学者在研究中发现,定量化的环境因子与土壤属性之间存在很好的相关性,可用来预测土壤属性(杨开宝等,1999;Florinsky et al.,2002)。随着 3S 技术的发展,越来越多的土壤调查者倾向于利用更为详尽的辅助变量来指导土壤制图和相关属性空间分布研究,如数字地形分析、遥感影像、数字土壤图等辅助数据被大量应用于土壤属性的空间预测(傅伯杰等,1999;邱扬等,2001),不但可以提高获得参数的精度，而且可以改进采用一般地统计学方法所带来的不足。将观测点获取的土壤属性值与气象数据、植被指数图、各种地形指数图和土壤图等辅助预测的栅格数据进行叠加即可获取相应采样点位置的辅助预测变量值，然后通过各种方法可以建立土壤属性值与各种辅助预测的环境因子（土地利用方式、土壤类型、气候、地形因子、植被指数等）之间的定量关系模型，进而可以通过辅助预测的环境因子来预测未采样点位置处的土壤属性值。这种土壤属性空间预测方法被称为环境相关法（environmental correlation）。

目前，环境相关法中用于建立土壤属性值与各种辅助预测的环境因子之间的定量关系模型主要有线性模型、神经网络模型、分类树和回归树模型、模糊系统、强化模型、遗传算法和专家系统等。Skidmore 等（1991）运用自然植被数据和 30 m 分辨率的 DEM 预测了新南威尔士森林土壤的分类；Moore 等（1993）采用由 15 m 分辨率 DEM 获取的一系列地形属性预测了美国科罗拉多州一个小流域的土壤属性（A 层厚度和 pH）的二维分布；Odeh 等（1994）在南澳大利亚做了相似的研究；Bell 等（1994）通过地形数据预测了土壤排水的分类；Lagacherie 和 Holmes（1997）则使用岩性和地形数据预测了法国郎格多克（Languedoc）的土壤分类；Meersmans 等（2009）采用土壤质地、土壤湿度和土地利用方式等环境因子，利用回归逼近的方法对比利时北部地区的 SOC 的空间分布进行了预测，大大提高了预测的准确性。

（五）成土环境-土壤性质相关与地统计学结合拓展法

近些年来，研究发现普通克里金（OK）方法对田块尺度和大面积统一管理的区域的 SOM 和 STN 含量有较好的预测效果（Duffera et al.，2007），而在地形复杂、土壤属性变化强烈的地区，其应用效果并不理想（Liu et al.，2006a）。为了提高 SOM 和 STN 数据的平稳性及预测精度，在不增加采样点数量的前提下，结合辅助信息的克里金方法得到了广泛应用（Kerry and Oliver，2007；Zhao，2007b；柴旭荣等，2008；秦静等，2008）。这些方法归纳起来主要有以下几种：首先，以趋势面方程分离漂移趋势（drift）的泛克里金（UK）方法可以消除数据的不平稳性，提高预测精度，如 Bourennane 和 King（2003）在巴黎盆地的西南部利用坡度作为辅助变量的泛克里金（UK）方法对土壤属性进行预测，发现 UK 的预测精度明显高于 OK；Meul 和 Meirvenne（2003）在比利时东佛兰德斯省 8km×18km 区域内，将 DEM 作为 UK 的辅助数据研究土壤属性的分布状况。而作为 UK 特例的外部漂移克里金（Kriging with an external drift，KED）方法在原理上同 UK 相似，两者利用相似的公式来分类趋势项和残存。Mueller 和 Pierce（2003）在美国 Shiawassee River 流域内 12.5hm^2 的田块上利用地形因子作为辅助数据的 KED 方法生成了土壤全碳分布图，可以较 OK 方法大幅提高预测精度。其次，通过一种土壤属性来预测另外一种土壤属性的协同克里金(CK)方法也被广泛应用。Terra 等（2004）在滨海平原利用土壤电导率（electrical conductivity，EC）为辅助变量的协同克里金估算了表层土壤 SOC 含量，发现研究区的 SOC 含量偏低；Vieira 等（2007）在西班牙 Castilla 地区用地形因子中的海拔作为辅助变量研究了其氮素空间分布。另外，近些年来回归分析与 OK 相结合的回归克里金（RK）方法得到许多学者的认可（Knotters et al.，1995；Odeh et al.，1995；Zhang et al.，2009a）。在该方法中，基于气候、植被、地形和母质等环境变量，采用环境相关法来预测土壤属性，而克里金方法则被用于预测残差。如 Knotters 等（1995）的研究认为回归克里金方法用于土壤制图比普通克里金和协同克里金方法都要好；Sumfleth 和 Duttmann（2008）利用以 DEM 提取的地形参数作为辅助变量的 UK 方法预测了中国东南部水稻土的土壤碳分布，并将预测结果与多元线性回归、反距离加权法、普通克里金方法进行对比；赵永存（2005）以高程、地形等作为辅助预测因子，利用回归克里金方法对河北省 SOC 的空间分布进行了预测。

第二章　主要样点布设方法及点面拓展模型

第一节　土壤采样点的常用布设模式

为揭示土壤属性的空间变异特征，土壤学研究者根据各自的研究目的和精度要求，在实际土壤调查采样时发展成多种采样点布设方法。其中基本的采样点布设方法包括简单随机采样、分层采样、系统规则网格采样、梯度采样等。此外，在这些方法的基础上，又相互结合衍生出繁多的采样点布设方法，如系统随机采样、分区随机采样、非列线采样等。但在当前土壤调查采样过程中，较为常用的采样点布设方法主要有随机采样、分区采样和系统采样。

一、随机布设采样点

随机选择法是基于 Fisher（1956）的统计学原理，在研究区域内随机布设土壤样点的方式（图 2-1），是早期土壤调查中的一种常用方法（Haining，2003；Hedley et al.，2012）。相对于其他采样点布设方法，该方法最为简单，是在实际操作过程中可使总体（研究区）中的所有抽样单元（待抽样点）都有均等机会被抽取为样本（土壤采样点）的一种方法。该方法通过计算得到土壤样品的平均值和样本方差，进而估计总体的平均值和方差。研究样本的目的是为了推断出总体的基本性状，故随机抽取样本是用于总体推断的基本保证。显然，样本方差越小，

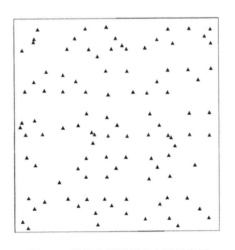

图 2-1　随机土壤采样点布设示意图

对整体推断越有利。一般而言，通过增加样本的数量可减少样本方差，进而提高总体的估计精度，即可提高空间预测的精度。同时需要指出，简单地增加样本数量会提高采样成本，但预测精度并不会持续均匀增加，在样本数量达到一定值时，样本数量对精度提升的贡献越来越小。

有土壤学者认为该方法可对研究区土壤性状做出较好的估计，在随机采样点数量足够时，随机取样的样本均值和样本方差均较好地作为总体的最佳估计。但有学者指出，由于随机布设的样点分布很不均匀，易造成一些区域样点过密而另一些区域样点过疏的情况（王政权，1999）；同时，随机采样有时能提供具有代表性的样本，但有时总体中包含一些不重叠的互斥部分，随机采样的效率将大大降低（史舟和李艳，2006）。也有学者认为这类方法没有考虑抽样总体的空间结构规律，效率最低，其最优样本是随机生成的，最优的真实意义已丧失，但它可以用于量化评价其他最优样点选择方法的效率（姜成晟等，2009）。

二、分层布设采样点

从抽样理论上来讲，分层抽样法也叫类型抽样法，就是将总体单位按其属性特征分成若干类型或层，然后在类型或层中随机抽取样本单位。分层抽样法的特点是：由于该方法通过划类分层，增大了各类型中单位间的共同性，容易抽出具有代表性的调查样本。对于土壤调查而言，分层采样是把研究区域按照土壤属性特点划分为若干个性质较为均匀的区层（类型区），进而分别独立地从每一个类型区中随机布设采样点（图2-2），因此分层采样在一定意义上也可理解为分区

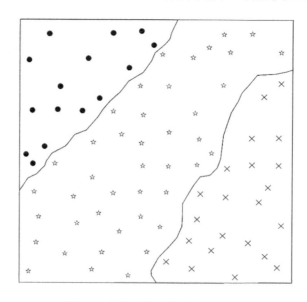

图 2-2　土壤分层采样点布设示意图

域采样（Bhatta et al., 2012）。分层采样法的优点在于假如总体中的各个类型区之间的土壤性状差异显著，而这一特点在调查前已经知道，如红壤丘陵区的坡耕旱地和沟谷水田，由于种植利用方式和土壤水气条件的不同造成土壤性质的较大差异，则可将总体分为几个较为均一的同质区层，从而可以提高采样精度，降低采样误差。如果研究的土壤属性平均值在各类型区之间存在较大差异，预测误差将会大幅降低，进而得到较随机采样更为精确的结果，这是分层采样的优点所在。

三、基于系统规则网格布设采样点

系统采样点布设是指根据统计要求所确定的采样点布设方式。常用的系统采样点布设方式有系统网格布点方式和系统随机布点方式。系统网格布点方式是指把所研究的区域分成大小相等的网格，网格线的交点或中心点即为采样点（图 2-3）；而系统随机布点方式是指把所研究的区域分成大小相等的网格，在每个网格内随机布设一个采样点。在实际土壤调查采样时，通常使用的是系统网格布点方式。网格采样点布设方法是用规则的方格网叠加在地图上，以每个方格网的中心或网格线的交汇点作为采样点位置，因此它在图上选取采样点十分简单易行。一般而言，在利用网格法进行采样时，网格间距越小，采样点数目越多，描述土壤空间变异信息的精度越高，但所需的采样成本也越高。因此，可根据研究的精度要求合理确定网格的大小，以提升采样效率。

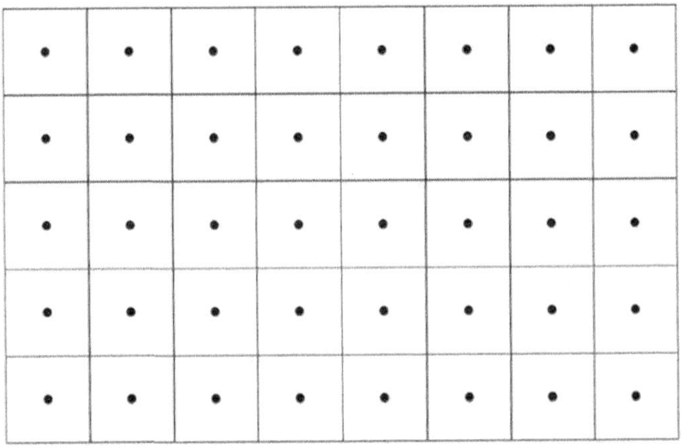

图 2-3 土壤系统采样点网格布设示意图

近些年，随着地统计学的发展，克里金方法成为一种有效的土壤属性空间插值方法。如果按照规则网格进行土壤采样，则可使克里金空间预测的最大误差最小化。这就是地统计学研究中野外土壤采样设计特别强调尽可能采用规则网格法布设样点的重要原因。许多研究者曾应用地统计学理论和方法研究土壤属性的空间变异和空间相关性,并在土壤制图中进行土壤属性值的局部估计和采样方案设计。McBratney 和 Webster(1983)以 pH 数据为例,通过对比研究得出规则网格采样较传统的随机采样效率提高 3~9 倍。国内李子忠和龚元石(2000)应用经典统计学和地统计学方法估算了区域土壤含水量和电导率的空间变异性,并确定了其合理的采样点数量,指出应用网格采样对土壤含水量和电导率的揭示效率比传统采样方法更高。但有学者指出,由于格网法不是一种完全随机的方法,因此其方差估计可能会出现偏差(Nelson et al., 1996),同时会造成研究区内某些类型亚区的采样点数量过多或过少。

四、按特定形状的线段布设采样点

这种方法广泛应用于土壤肥力属性的调查与研究,包括实验小区土壤采样。它主要是按"X"、"S"或"W"形的线段布设采样点,然后进行土壤采样或者采集混合样点。应用这种方法的前提是,采样区的土壤性状大致是均匀的。在土壤性质、作物类型、生长状况、土地利用方式或管理方法差异较大时,可以分区后再应用这种方法进行采样。但这种方法不适用于点源污染或点源变异的相关研究,因为该采样方法容易漏掉高变异性样点。例如,图 2-4 中的"X"形布点无法避免田块中心布点过多的缺点。在使用该类型布设土壤采样点时应注意以下几点:

(1)所研究的土壤属性在采样区内大致是均匀分布的,否则应在划分亚区后再进行样点布设。

(2)避免在较大采样区域应用单一的"X"、"W"或"S"形布点方法。

(3)使用该类采样方法布设样点时,采样点应是等距离的,即线段越长,样点越多;反之越少。

(4)不同采样点间的距离不应人为改变。

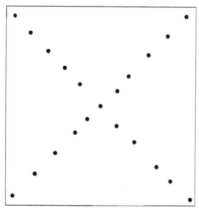

(a) "X" 形

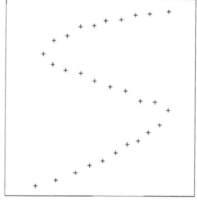

(b) "S" 形

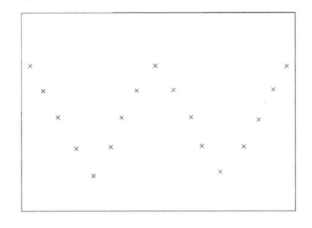

(c) "W" 形

图 2-4 按 "X"、"S" 或 "W" 形布设采样点

第二节 确定区域土壤采样点数量的一般方法

土壤采样点数量对表征土壤属性空间变异性有重要影响,也成为困扰土壤学者的重要问题。近年来,在实际土壤采样过程中,一些研究者通过不同的土壤采样点数量确定方法开展区域土壤特性变异特征的研究。本节主要介绍当前常见的几种确定土壤采样点数量的具体方法。

一、经验判断法

该方法确定的区域土壤采样点数量主要是依据土壤学者多年积累的研究经验,综合考虑研究目的、所调查的土壤属性指标的具体特点、土壤调查采样的区域大小以及土壤属性空间分布的成图比例尺等多种因素,结合土壤调查采样的实际经济成本和时间成本,最终给出调查区域的土壤采样点数量。土壤学者根据以上因素判断该采样点数量大概可以或应该可以反映研究区内指定土壤属性的空间变异特征。容易看出,该判断方法主要依据学者的研究经验得出,无法给出确定样点数的科学理论依据,因而具有较强的主观性。

2006 年开始的全国土壤污染调查的土壤采样,依据《全国土壤污染调查技术规范》确定了全国耕地土壤采用 8 km×8 km 的采样间距,林地和草地采用 16 km×16 km 的采样间距,部分未利用土地采用 40 km×40 km 的采样间距(表 2-1),据此可计算出各区域尺度上的采样点数量。经验判断法是依据已有经验确定土壤采样点数量的一种方法,但无法明确回答采用这样的采样间距的依据是什么;同时,多个土壤区使用相同的经验或规定确定采样点间距或数量的做法更不可取。

表 2-1　全国土壤污染调查中不同土地利用类型布点基本网格要求

土地利用类型		基本网格密度	备选网格密度及要求
耕地		8 km × 8 km	4 km × 4 km、5 km × 5 km、10 km × 10 km、12 km × 12 km、16 km × 16 km
林地（原始林除外）、草地		16 km × 16 km	10 km × 10 km、20 km × 20 km。超大面积、受人类活动影响较少的林地、草地可扩大到 50 km × 50 km 或更大，或在四周距边界 5 km 区域各布设 1 个代表点。区域面积不足一个网格的在距边界 5 km 区域任意地布 1 个点
未利用土地	可利用的	40 km × 40 km	50 km × 50 km。区域面积不足一个网格的在距边界 5 km 区域任意地布 1 个点
	不可利用的	——	在四周距边界 5 km 区域各布设 1 个代表点

二、按经费摊派计算法

该采样点数量确定方法主要是根据经费的多少，首先确定研究区域的总样点数，在总采样点数量确定的前提下，依据各亚区的面积、地形复杂状况和利用强度等情况确定其应分得的采样点数量。如国家"973"计划项目"土壤质量演变规律与持续利用"（G19990118）在 $3 \times 10^4 \text{ km}^2$ 的太湖地区，基于 1:25 万制图比例尺，参照了加拿大土壤调查强度分类中的低强度和很低强度两种等级（表 2-2），其中低强度等级的制图精度要求图上每平方厘米布设 0.37 个采样点，据此需要在太湖地区布设 1700 个土壤采样点；在很低强度等级的制图精度上，要求图上每平方厘米布设 0.08 个土壤采样点，据此需要在太湖地区布设 400 个采样点。最终根据经费等条件讨论确定了在该地区采集 1600 个土壤样点，然后根据区域内各县级单位的平原面积、土种数量等因素摊派了各县域的采样点数量（曹志洪和周健民，

表 2-2　加拿大中比例尺土壤调查强度及规范指标

项目	调查强度		
	中强度	低强度	很低强度
每个观测样点代表的面积/hm²	75 （24~157）	640 （322~878）	6126 （1420~11 069）
出版土壤图比例尺	1:5 万 （1:5 万~1:10 万）	1:10 万 （1:5 万~1:25 万）	1:12.67 万 （1:12.5 万~1:25 万）
图幅中土壤采样点数量/cm²	0.88	0.37	0.08

注：括号内数字为变幅。

2008)。该方法在摊派采样点数量时选用的依据指标及其权重的确定原则都缺乏科学评价，其合理程度也值得商榷。

三、基于统计学的计算法

当前在确定土壤采样点数量时，基于统计学的计算法较为常用，其原理如下：在一定显著水平下（α）和抽样允许误差范围内（$\pm d$），所要求的必要样本数量（n）的计算采用公式（2-1）（Hald，1960）：

$$n = (t_{n,\alpha/2} S / d)^2 \qquad (2\text{-}1)$$

式中，t 为选定的置信水平（土壤环境调查一般选定为 95%），一定自由度下的 t 值可通过 t 值表查得；S 为样本标准方差值；d 为可接受的绝对偏差。如果计算所得样本数 n 大于总体样本容量 N 的 10%，则采用不重复抽样公式（2-2）（Sachs，1982）：

$$n' = n / (1 + n / N) \qquad (2\text{-}2)$$

2005 年国家环境保护总局发布的《土壤环境监测技术规范》，提出了用于土壤环境监测所需的土壤采样点布设数量的计算方法，包含两种计算方法：一是基于土壤属性的均方差和绝对偏差值计算土壤样品数量，二是基于土壤属性的变异系数和相对偏差计算样品数量。第一种方法就是通过公式（2-1）和公式（2-2）计算得出所需的土壤采样点数量。例如，在某柚子园（面积为 20 hm²）主要土壤肥力属性空间变异及合理取样数研究中，利用网格布设 76 个土壤采样点，分析了其土壤 pH、有机质、碱解氮、速效磷、速效钾等指标，统计得到土壤 pH、有机质等空间变异系数为 6.45%～59.48%，在 95%置信水平上，设定碱解氮、pH 的相对误差分别为 5%和 10%，其余土壤属性为 15%，经公式计算得到 pH、有机质、碱解氮、速效磷、速效钾的推荐取样数分别为 2 个、6 个、34 个、28 个、35 个（李柳霞等，2007）。第二种方法是将公式（2-1）做相应的变形，变化为公式（2-3）：

$$n = (t\text{CV} / d)^2 \qquad (2\text{-}3)$$

式中，CV 为土壤属性的变异系数，%，可从先前的其他研究资料中估计出；d 为可接受的相对偏差，%，土壤调查一般限定为 20%～30%。

四、计算机模拟法

为了解决土壤采样中精度与经济性的平衡问题，近些年出现了利用计算机模拟采样研究规则网格土壤采样时合理的采样点密度。其基本过程为，首先构造一个数学扩散模型，设置 2～4 个种子在一个 100 网格 × 100 网格（1 单位×1 单位）的不同地方，根据扩散模型进行扩散和叠加，生成模拟的土壤属性空间分布图。其结果可较好地模拟某些土壤属性的分布。利用计算机按照不同的网格单元尺寸

（如 3×3、5×5、7×7 网格等）进行采样，之后利用采样值进行反距离加权法（inverse distance weighting，IDW）插值处理，将数据点恢复到原始的 10 000 个，并把插值结果与原始值进行比较即可得到采样误差。研究结果表明，当采样网格单元尺寸为属性地图输出栅格单元尺寸的 11 倍和 17 倍时，相对采样误差分别为 10% 和 15%。合理的采样密度可以根据允许的采样误差及要求的土壤属性图输出栅格单元尺寸而定（王宏斌等，2006）。

第三节　揭示区域土壤属性的点面拓展方法

一、图斑连接法

图斑连接法是基于地学专业知识，在 GIS 软件下将土壤样点属性数据与景观单元图斑相连接，进而获得土壤属性空间变异特征的一种传统方法，在土壤多种属性的空间预测和模拟中被广泛使用（Shi et al.，2006，Zhao et al.，2006；Zhang et al.，2008b；Burgess and Webster，2010）。用于与土壤采样点数据相连接的图斑，包括土壤图斑、土地利用图斑、植被类型图斑等景观单元以及景观单元之间的相互组合。实际操作该连接方法时既要考虑剖面的采样点的类型名称与景观单元的名称相同，也要考虑剖面点的空间位置，即相近相似原理——距离越近，土壤属性值越接近；反之差异越大。基于土壤数据库和土壤图的图斑连接方法是进行 SOC 空间预测和区域碳储量估算的常用方法。由于该方法基于土壤学专业知识，故在很多文献中也被称为"PKB"法（pedological knowledge based method，PKB）（Zhi et al.，2015）。比如图 2-5 中，剖面"A1"和"A3"分别位于土壤图的左上角和右下角的图斑中，因此"A1"和"A3"的碳含量值被分别连接到这两个图斑，在这一过程中包含了简单的"point-in-polygon"过程。当考虑剖面"A2"时，由于剖面"A2"在空间位置上与土壤图左上角的图斑更接近，因此样点"A2"的碳含量值也被连接到左上角的图斑，这样对于土壤类型名称为 A 的左上角的图斑，其碳含量值取样点"A1"和"A2"的平均值。对于多个剖面点与一个图斑相对应的情况，比如图 2-5 中样点"B1"和"B2"仅仅与土壤图中的一个图斑对应，取多个剖面点的平均碳密度赋予该图斑。而对于一个剖面点与多个图斑对应的情况，比如图 2-5 中剖面点"C1"与土壤图中的两个类型均为 C 的图斑相对应，则取该剖面的碳密度值赋予多个图斑。从"PKB"法的实现过程来看，不同空间位置上属于同一制图单元的图斑可能获得不同的碳密度值。

图斑连接方法通常依据成土因子和土壤性质将土壤划分为内部相对均一的分类或制图单元，把土壤的连续变异转化为土壤单元间的差异，然后再将采样点的属性数据赋予相应的土壤图图斑，实现土壤属性由点到面的尺度转换。但这种方法反映的只是土壤图图斑间的差异，是一种离散化处理方法，表现出来是一种"突变"，而非"渐变"，虽然在一定程度上描述了土壤的空间变异情况，但很多情况下难以确切地描述土壤性状的空间分布。

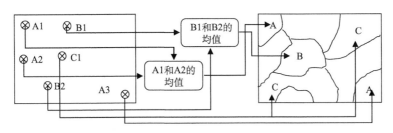

图 2-5　图斑连接方法示意图（赵永存，2005）

二、趋势面分析法

趋势面分析法是利用数学曲面模拟地理系统要素在空间上的分布及变化趋势的一种数学方法，能有效地分析某一种属性数据在空间上的分布规律与变化趋势。由于趋势面分析法是多元统计分析方法中的一种，它可方便地应用于多变量、多样本的海量数据处理中。所以，它对处理区域环境中的海量空间数据十分有效，在区域地理要素的空间分析方面具有重要的应用价值。随着计算机技术及其相关技术的不断发展，趋势面分析法在环境领域中的应用范围会越来越广，发挥的作用也会越加显著。近些年，趋势面分析法也成为土壤学空间预测研究中的一种重要方法。在土壤环境研究中，某些时候利用趋势面探讨土壤元素在地理空间上的分布变化规律，对于区域土壤环境质量评价、土壤环境保护、土地资源评价与规划等研究有重要的实用价值。

趋势面分析实质上是通过回归分析原理，运用最小二乘法拟合一个二维非线性函数，模拟土壤属性在空间上的分布规律，展示土壤属性在地域空间上的变化趋势。通常把实际土壤属性变化曲面分解为趋势面和剩余面两个部分，前者反映土壤属性的宏观分布规律，属于确定性因素作用的结果；而后者则对应于微观局域，是随机因素影响的结果。趋势面分析的一个基本要求，就是所选择的趋势面模型应该是剩余值最小、趋势值最大的，这样拟合度精度才能达到足够的准确性。趋势面分析正是从土壤属性分布的实际数据中分解出趋势值和剩余值，从而揭示土壤属性空间分布的趋势与规律。用来计算趋势面的数学方程式有多项式函数和傅里叶级数，其中最为常用的是多项式函数形式。因为任何一个函数都可以在一个适当的范围内用多项式来逼近，而且调整多项式的次数，可使所求的回归方程适合实际问题的需要。变化较缓和的数据资料配合较低次数的趋势面，就可较好地反映区域背景，而变化复杂、起伏较大的数据资料配合的趋势面次数要适当提高，才能较好地反映出该环境事件的区域本底值及变化发展趋势（王江萍等，2009）。

三、地统计学方法

地统计学是法国著名统计学家 G. Matheron 最先提出的一门新的统计学分支，被广泛应用于许多领域，是以区域化变量为基础，借助变异函数，研究既具有随机性又具有结构性或具有空间相关性和依赖性的自然现象的一门科学。凡是与空间数据的结构性和随机性，或空间相关性和依赖性，或空间格局与变异有关的研究，并需要对这些数据进行最优无偏内插估计，或模拟这些数据的离散性、波动性时，皆可以应用地统计学的理论与方法（汤国安，2006）。

目前，比较常见的地统计学插值分析方法为克里金插值，地统计学中的克里金插值法是在经典统计学的基础上，充分考虑变量的空间变化特征、相关性和随机性，并以变异函数为基础建立的一种最优、线性、无偏内插估值方法，它不但可预测土壤属性的空间分布特征，而且还具有估算预测误差的优点（史舟和李艳，2006）。许多学者利用克里金插值法对空间变量的变异特征进行分析和制图，在土壤属性空间分布制图方面也进行了大量的研究工作，并取得大量成果（徐吉炎和韦甫斯特，1983；胡克林等，1999；徐尚平等，2001；张慧文等，2009；Tsui et al.，2013）。

克里金方法以单个变量半变异函数和结构分析为基础，对未知样点的值进行线性、无偏、最优估计。其主要原理如下：区域化变量是指在空间上分布的随机变量，其在区域内不同位置 x 的取值 Z 不同，可反映与空间有关的某种现象（Krami et al.，2013；杜臣昌，2017）。区域化变量有两个重要性质——随机性（对于某一局部点，区域化变量取值是随机的）和结构性（对于整个区域而言，区域化变量有一个总体空间结构，区域化变量相邻位置取值具有某种函数关系）。区域化变量的这种结构性可以用半变异函数来表征。半变异函数公式可表示为

$$\gamma(h) = \frac{1}{2N(h)} \sum_{i=1}^{N(h)} \left[Z(x_i) - Z(x_i + h)\right]^2 \qquad (2\text{-}4)$$

式中，$\gamma(h)$ 为变异函数；h 为样点空间间隔距离，称为步长；$N(h)$ 为间隔距离为 h 的样点数；$Z(x_i)$ 和 $Z(x_i+h)$ 分别是区域化变量 $Z(x)$ 在空间位置 x_i 和 x_i+h 的实测值。

以 $\gamma(h)$ 对 h 作半变异函数图，分析区域化变量在空间上的变异结构。然后用理论模型对半变异函数图进行拟合。这些理论模型包括球状模型（spherical）、线性模型（linear）、指数模型（exponential）、高斯模型（Gaussian）等（Emery，

2008；You et al., 2011）。理论模型一般根据决定系数确定，决定系数越接近 1，拟合效果越好。

确定了理论模型以后，可得到其对应的三个参数，包括块金值（nugget）、变程（range）和基台值（sill）。块金值表征由实验误差和小于最小采样尺度的随机变异；变程表示区域化变量存在相关性的最大范围；基台值代表系统总变异，包括结构变异和随机变异（Arslan，2012）。克里金方法通过空间相关的随机函数模型计算可获取变量的线性加权组合，预测插值点数值，其估计公式为

$$Z^*(x_0) = \sum_{i=1}^{n} \lambda_i Z(x_i) \tag{2-5}$$

式中，$Z^*(x_0)$ 是待估点 x_0 处的估计值；$Z(x_i)$ 是实测值；λ_i 是分配给每个实测值的权重，$\sum \lambda_i = 1$；n 是参与 x_0 点估值的实测值的数目。为了保证估计的最优和无偏，上式应满足：

$$\begin{cases} \sum_{i=1}^{n} \lambda_i \gamma(x_i - x_j) + \mu = \gamma(x_j - x_0), j = 1, \cdots, n \\ \sum_{i=1}^{n} \lambda_i = 1 \end{cases} \tag{2-6}$$

式中，$\gamma(x_i - x_j)$ 为距离 $x_i - x_j$ 对应的半变异函数值；μ 为拉格朗日乘数。

另外，克里金空间预测方差可以通过下式进行计算：

$$\sigma^2 = \sum_{i=1}^{n} \lambda_i \gamma(x_0 - x_i) + \mu \tag{2-7}$$

四、环境因子与地统计学结合方法

随着 GIS 和空间影像获取技术的发展，数字地形分析、遥感影像、数字土壤图等辅助预测数据被大量应用于土壤属性的空间预测。在此基础上，近些年出现了克里金方法与环境因子相结合来提高土壤属性空间预测精度的新方法。以环境因子作为辅助数据进行土壤属性空间分布预测的混合插值（hybrid interpolation）技术得到了快速发展，如结合回归分析和普通克里金进行预测的回归克里金方法（regression-Kriging）（Knotters et al., 1995；Odeh et al., 1995；Kumar et al., 2012；Kumar et al., 2018）就是其中最有效的方法之一，在多数情况下回归克里金方法得到的预测结果比普通克里金方法获得的预测结果更详细，精确性也更高（赵永存等，2005）。在回归克里金方法中，采用气候、植被、地形和母质等环境变量和环境相关法来预测土壤属性，而克里金方法则被用于预测残差（Kumar and Singh，2016）。Hudson 和 Wackernagel（1994）的研究表明，同时使用高程数据和克里金插值能够提高气温制图的精度。Knotters 等（1995）的研究认为回归克里金方法

用于土壤制图比普通克里金和协同克里金方法都要好。Bourennane 等（2010）的研究使用了环境变量的线性组合作为外部漂移趋势项来分离残差，残差再进行克里金插值的回归克里金方法，同时 Bourennane 等（2000）的研究则显示了用坡度的回归方程来分离漂移趋势预测得土层厚度更加准确。

协同克里金的研究表明可以通过一种土壤属性来预测另一种土壤属性，早期协同克里金预测研究（McBratney and Webster，1983；Vauclin et al.，1983；Goulard and Voltz，1992）的辅助变量均是其他的土壤属性，实际上如果不能获得具有更大采样点密度的辅助预测的第二变量数据的话，协同克里金方法就没有多大的意义了。遥感（卫星图像和航空影像）和类似遥感的手段（如电磁感应等）解决了廉价获取具有更大采样点密度的辅助预测数据的问题。Phillips（2001）的研究表明有时候仅仅使用气候、植被、地形和母质等环境变量和环境相关法来预测土壤属性并不能取得良好的预测结果，尤其是在想获得更小栅格尺寸预测结果的情况下。这说明当通过一种土壤属性来预测另一种土壤属性时，具有更大采样点密度的辅助预测的第二变量数据是必不可少的。

五、其他方法

除上述点面拓展方法以外，随机模拟法、反距离加权法（IDW）、神经网络法等也在土壤属性空间预测中有所使用。近年来，考虑到影响土壤属性的因子众多，单纯依靠个别环境因子作为辅助因子提高土壤属性的空间预测精度，其效率受到较大影响。为提升模型的预测精度，将更多的影响因子考虑进来，国外有学者开始使用广义加性模型（GAM）进行土壤属性的空间预测。该方法同时指出，线性模型简单、直观，便于理解，但是，在现实生活中，变量的作用通常不是线性的，线性假设很可能不能满足实际需求，甚至直接违背实际情况。而广义加性模型是一种自由灵活的统计模型，它可以用来检测非线性回归的影响。Brogniez 等（2015）使用该方法对欧洲表层土壤有机碳空间分布进行预测，认为该方法具有较高的预测精度。因此，该方法值得在今后土壤属性空间预测方面做进一步探讨。

第三章　研究区概况及数据源

第一节　研究区概况

一、地理位置

研究区为江西省余江县，位于江西省东北部山区向鄱阳湖平原过渡地段，在北纬 28°04′~28°37′、东经 116°41′~117°09′之间，属信河流域下游（图 3-1）。东接贵溪市、月湖区，南邻金溪县，西连东乡区，北与万年县、余干县接壤。余江县南北长 75 km，东西最宽处达 28.65 km。土地总面积为 927 km^2，占全省土地总面积的 0.56%。全县行政区划包括画桥、黄庄、锦江、潢溪、春涛、平定、中童、杨溪、洪湖、邓埠、马荃、刘家站等 12 个乡镇，高公寨林场、水产场、大桥良种场、张公桥农场、塘潮源林场、青年农场、邓家埠水稻原种场 7 个农垦场。

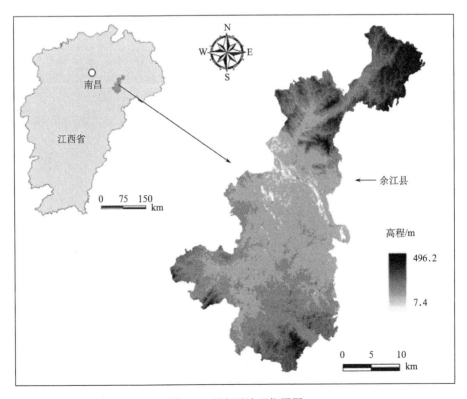

图 3-1　研究区地理位置图

二、自然环境因子

（一）气候

气候对土壤的形成、发育影响较大，总的来说，余江县属于亚热带湿润气候区，光热、水资源丰富。其主要特点是四季分明，雨水充足，降水量明显大于蒸发量，日照充足，无霜期长。

从热量上看，余江县近50年年平均气温为17.6℃，其中一月份平均气温5.2℃，七月平均气温29.3℃。年极端最高气温为41.12℃，年极端最低气温为-15.12℃。日平均气温稳定超过10℃的持续天数为248 d，平均有效积温为5627.6℃。全县热量分布总趋势是东部高于西部，南部高于北部。全县气温最高地区为中东部的中童镇，年平均气温为18.1℃；气温最低地区是画桥镇东部，年平均气温为17.2℃。全年无霜期232～295 d，平均为262 d。

从光照资源上看，年平均日照时数为1852 h，最多年达2000 h，最少年仅为1500 h左右，日照时数百分率为42%。其中6月、7月、8月和9月四个月的太阳辐射量最多，日平均温度稳定超过10℃的太阳辐射量占总辐射量的78%。

从降水量上看，年平均降水量1752 mm，年平均蒸发量为1373 mm。余江县地表水多年平均径流量为8.61亿 m^3，人均水资源占有量3131 m^3，高于全国平均水平，每亩耕地占有水量2533 m^3，略低于长江流域的平均值。

其光热、水资源在时空分布上并不均匀，与农业生产的需要存在不少矛盾，农业生产在一定程度上还受到灾害性气候的制约。因此，在全县范围内，年年都有不同程度的自然灾害。如春季的阴雨低温，冷空气活动频繁，影响早稻播种、育秧和春熟作物的收成，而5～6月洪涝、7月干燥风和7～9月干旱对农业生产威胁更大。

（二）地形、地貌

余江县地形南北高，逐步向中部倾斜。境内地形变化缓慢，多以低丘地形为主，丘陵面积占78%，平原占22%（李忠佩等，2006）。根据地貌特征，全县可分为三个地貌单元。

（1）南部丘陵岗地区：西南部地势较高，一般海拔30～80 m，相对高度10～100 m，个别主峰海拔高达367 m，为武夷山延伸的支脉。坡度差异较大，为15°～40°。本区包括马荃、洪湖、杨溪和邓埠的大部分地区。

（2）中部河谷平原区：地势平坦，为峡谷平原，地势向东西倾斜，海拔20～50 m，相对高度10～20 m，个别岗地为40 m，坡度一般为5°～15°。本区包括锦江、邓埠镇和潢溪、春涛、马荃、平定、中童和洪湖等乡的一部分。

(3)北部丘陵岗地区：地形起伏不大，海拔一般在25~150 m，相对高度10~100 m。东北部地势最高，海拔100~300 m，毗邻万年县的白鸡母山地主峰，海拔512 m，属怀玉山系。山脉多平行河道，地势自东北向西南降低，坡度较平缓，一般为15°~35°。本区包括画桥、黄庄及锦江的部分地区。

（三）植被

余江县自然植被类型多样，植被分区属亚热带常绿阔叶林区，森林植被类型有针叶林、常绿阔叶林、竹林、针阔混交林等，2006年其森林覆盖率为38%（Zhang et al.，2010a）。这里主要有七个地带性植被的基本类型，即针叶林、常绿阔叶林、竹林、针叶与阔叶混交林、常绿与落叶混交林、落叶阔叶林，此外还有一种人为灌木林。植被的主要科为杉科、松科、壳斗科、山茶科、蝶形花科、含羞草科、金缕梅科、禾本科。主要的建群树种有马尾松、杉树、柏树、山刺柏、圆柏、侧柏、水松和近年引进的湿地松、水杉、火炬松。常绿阔叶树有苦槠、甜槠、栲槠、红心槠、樟树、杜英、木荷、桔、柚、油茶等。落叶阔叶树有板栗、枫杨、枫香、麻栎、小叶栎、泡桐、合欢、山合欢、柳树、法桐、桃、梨、白杨等。竹林主要有毛竹、刚竹、淡竹、水竹等。灌木有白栎、胡枝子、黄瑞木、黄荆、算盘子、杜鹃、乌药等。攀绿植物有野葡萄、猕猴桃等。这些树种均能发挥涵养水源、保持水土的效益，对土壤的形成亦起了十分重要的作用。除了各种树种外，草场资源也有小面积存在，主要有灌丛草场、灌丛草丛草场和草丛草场，常见草本植物有野古草、白茅、鸭嘴草、狗尾草等二百余种。

（四）地质条件与成土母质

受地层和地质构造的影响，研究区主要成土母质大致可分为五大类（图3-2）：第一类为红砂岩，这类岩石风化体发育成红砂岩红壤。第二类为红砂砾岩，这类岩石风化体发育成红砂泥田。这两类母岩在研究区分布最广，面积较大，约占总面积的75%，集中分布在东部、西部和南部，特点是母质的机械组成中物理性砂粒占60%以上，质地疏松，通气性能良好，氧化还原电位高，适种性广泛，适宜种植水稻、黄麻、花生、大豆、油菜、果树等多种作物。这两类母质发育而成的土壤粉砂粒含量较高，遇水易沉实板结，插秧耘禾较困难，且水分的垂直渗漏严重，保水保肥性能较差。第三类是页岩、千枚岩、紫色泥岩、泥质岩等，以页岩为主。这类岩石主要分布在北部中高丘陵地区，这类母质多属泥质岩类谷底沉积物或坡积物，发育成泥质岩类红壤及鳝泥田，耕作层较深，但结构较差，黏重板结，并多为冷浸性低产田，约占总面积的20%。第四类是红黏土成土母质，发育成红黏土红壤、黄泥田，分布较分散，面积也较小。第五类是近代河流冲积物母质，上中部多为砂壤土，下部系卵石基岩，主要分布在信江、白塔河流域两岸。

这类母质由于砂粒、粉粒和黏粒的含量比例比较适宜，故耕性良好，肥力较高，是余江县农业高产地区，约占全县面积的20%（江西省余江县土壤普查办公室，1986）。

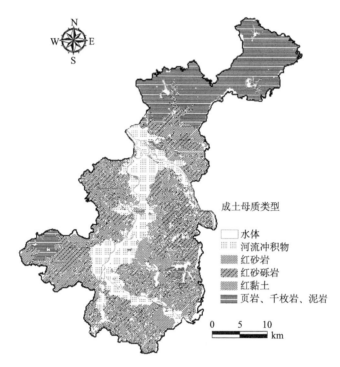

图 3-2 余江县土壤母质分布图

（五）土壤

由于余江县地形以低丘为主，海拔一般在300 m以下，因此仅存在一种地带性土壤，即红壤。从全县的土壤分布状况来看，一般山丘岗地主要是红壤土类，而平原及低丘沟谷区则多为面积较大的水稻土和潮土（图3-3）。由于受到中小地形、成土母质、水文地质条件及人类活动的影响，余江县土壤区域分布主要呈枝形土壤组合，在中低丘陵区，由于沟谷的发育，水系多呈树枝状伸展，这种组合由相应的地带性土壤、水成或半水成土壤及耕作土壤构成。

水稻土是研究区面积最大、分布最广的一类耕作土壤。它起源于各种不同的土壤或成土母质，广泛分布在各种地貌单元里，尤以信江、白塔河沿岸平原河谷及低丘沟谷地区较为集中，总面积约24 893 hm^2，占总耕地面积的85%左右（江西省余江县土壤普查办公室，1986）。这类土壤受到人类耕种活动的制约，通过灌溉排水、耕作施肥等措施，可直接影响其发育和肥力变化。余江县的水稻土共分

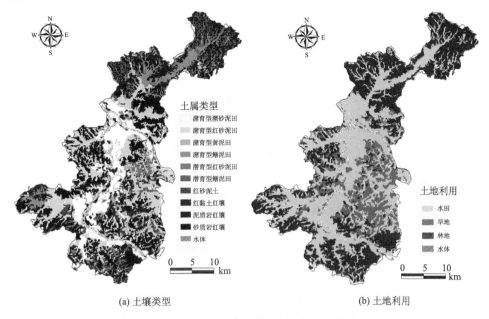

图 3-3 余江县主要土壤类型和土地利用方式分布图

为淹育型、潴育型、潜育型和漂洗型水稻土 4 个亚类，淹育型潮砂泥田、淹育型红砂泥田等 12 个土属，而这 12 个土属又可细分成 43 个土种。

（1）淹育型水稻土亚类，主要分布在低中丘地区高平地段的沟谷排田及近丘陵田块，部分沿河高岸地区也有分布。此水稻土亚类面积少而分布零星，约占全部水稻土面积的 3.7%。这类土壤均发育于地形部位较高、自然排水条件较好的地段，地下水位很深，灌溉条件差，灌溉水源缺乏，一般多为天然水灌溉。地表水在成土过程中起主导作用，虽然经过长期种稻，但由于淹水时间少，水的影响较小，在剖面层段中铁质淋溶淀积不够明显，锰的淋溶量较大。全剖面可见少量锈斑，除耕层外，没有发育明显反映水稻土特征的潴育层。因此，淹育型水稻土是水稻土初期形成阶段。按母质类型可分为发育在河流冲积物的淹育型潮砂泥田、发育在红砂岩和红砂砾岩上的淹育型红砂泥田和发育在第四纪红黏土上的淹育型黄泥田 3 种土属类型。

（2）潴育型水稻土亚类，该亚类属于良水型水稻土，是在地面水与毛管水共同作用下形成的土壤类型，几乎分布在各种地貌部位，全县各地都有，但集中分布在河流两岸平原及山丘沟谷中地形较为开阔平坦的部位。在水稻土中所占面积比例最大，达 85%左右。该亚类由于灌溉排水条件均较好，土壤中的氧化还原过程不断交替进行，铁锰淋溶淀积明显，除耕层和犁底层外，形成深厚的潴育层。由于受地形、成土母质类型的影响，余江县潴育型水稻土剖面形态各异，地形中部位较高的地段，潴育程度较弱，分布在沟谷底部的土壤，水渍作用逐渐加强，潴育特征比较明显，而不同的成土母质对该类土壤性状的影响反映在物质的化学组成和物理性状上，表现出土壤剖面的水分状况和氧化还原程度的明显差异。该类土壤土体通透性好，渗水而不漏水，渍水而不滞水，发育良好，加上人为耕作较精细，施肥水平高，土壤肥力通常较高，是余江县最主要的种植水稻的土壤类型。该亚类据母质类型可分为发育在河流冲积物上的潴育型潮砂泥田，发育在红砂岩及砂砾岩上的潴育型红砂泥田，发育在页岩、千枚岩、泥岩上的潴育型鳝泥田和发育在第四纪红黏土上的潴育型黄泥田。

（3）潜育型水稻土亚类，该亚类多分布在丘陵沟谷、平原畈田的内外排水差的低洼部位或者地下水位很高的地区，尤以山垄田最为常见，面积约占水稻土面积的 10.7%。由于其形成主要受长期渍水的影响，土壤经常处于还原状态，使高价铁锰还原成低价铁锰，并在一定层位段形成独特的潜育层。由于多分布在山丘沟谷，有效肥力低，嫌气过程强烈，土壤多带腐臭味，同时土粒分散，结构性差，且不便耕作，形成增产障碍因素。这类土壤的利用方式多是一季中晚稻，单产甚低，是主要的低产土壤类型。根据成土母质可以分为发育在河流冲积物上的潜育型潮砂泥田，发育在红砂岩、红砂砾岩上的潜育型红砂泥田，发育在页岩、千枚岩、板岩等泥质岩上的潜育型鳝泥田，发育在第四纪红黏土上的潜育型黄泥田及白垩纪红砂砾岩上的表潜性红砂泥田。

红壤是余江县面积最大、分布最广的一类土壤，主要分布在山地、丘陵和阶地、岗地上，是亚热带气候下形成的一种地带性土壤（图 3-3），总面积约为 49 873 hm^2，占总土壤面积的 64.7%。由于地形以低丘为主，仅东北和西南有极少的中高丘，海拔一般是几十米至一百米。因此，只有两个亚类，即红壤亚类和红壤性土亚类。

（1）红壤亚类，该亚类占红壤土类的绝对比重，面积达到 49 006 hm^2，随地形、母质属性及土壤侵蚀程度的差异，其土壤剖面层位构型和肥力特性变化很大，利用方式也各不相同。根据其母质差异，可分为 5 个土属：发育在红砂岩或红砂砾岩的红砂泥土，发育在第四纪红黏土母质的黄泥土，发育在白垩纪红砂砾岩及红砂岩母质上的红砂岩类红壤，发育在页岩、千枚岩、板岩等泥质母质上的泥质岩类红壤及发育在第四纪红黏土母质上的红黏土红壤。

（2）红壤性土亚类，该类土壤主要分布在土壤侵蚀比较严重的丘陵岗地上，是一类土属发育不很明显的幼年土壤。由于含有较多的风化物碎片，砾石较多，故又被称为粗骨性红壤。这类土壤的剖面特征是表土被侵蚀成极薄的表层，以下多半就可见到母质层，余江县仅有一个红砂岩类红壤性土，面积仅占全县土壤总面积的 1%左右。

三、社会经济条件

余江县土地利用方式以水田、旱地、林地为主,三种土地利用方式分别占总面积的 39%、13%和 38%(数据来自于中国土地利用数据库,2005 年)(图 3-3)。其人口构成以农业生产人口为主,截至 2012 年底,余江县户籍总人口 38.5 万人,其中农业人口 29.5 万人,人口密度约 411 人/km^2。2012 年余江县完成生产总值 67.79 亿元,同比增长 13.3%,完成第一产业 23.26 亿元,第二产业 33.18 亿,第三产业 11.34 亿元。全县粮食播种面积 44 270hm^2,粮食总产量 271 722t,生猪出栏 123 万头,生猪存栏 68.18 万头,肉类总产量 101 146t。县工业园区始建于 2003 年 8 月,目前已逐步形成一园四区(眼镜、铜材加工、微型元件、轻工五金)发展格局,被列为省级工业园、江西省眼镜产业基地,园区规划面积为 10km^2。余江县四大特色产业争相竞放,已建成雕刻博览城、雕刻产业园、雕刻文化街等平台项目;产生了"百家企业、四千设备、五千工人、万种产品、千万税收、亿元产值"的微型元件集群效应;循环经济产业园已规划建设 2km^2,入园企业 30 余家,从业人员 1.5 万人。特色产业的强势崛起,带动了余江经济的快速发展,2012 年四大产业完成生产总值 74.5 亿元,财政总收入 14.67 亿元。此外,近些年余江加强基础设施标准化和农业发展现代化等工作,余江已成为"中国葛之乡""中国雕刻之乡",也成为国家粮食大县和瘦肉型生猪生产出口基地县。

第二节 土壤样品采集及实验室分析

一、基础数据收集

首先,收集研究区自然状况资料、研究区所在省的全国第二次土壤普查和区域土壤研究的资料,包括各试点县的土壤、土壤志、土种志、土壤分析数据集、土壤图、土壤养分图等;收集土地利用现状图、土地规划图、地形图、地质图、地貌图以及各时相遥感影像等,这些图件要求保存完整,没有变形,图件中颜色、线条清晰,并包含绘制年代、制图比例尺、图例等相关重要信息;收集研究区域的水文和气象资料、土壤元素背景值以及可能收集到的污染源分布图等。其次,收集研究区社会经济方面的资料,不同时期各试点县的人口状况资料、产业结构情况、人口在产业结构中的比重、人均耕地面积状况、社会经济发展水平、农业人口人均收入情况、种植业历史与习惯、种植结构、复种指数(或熟制)、播种面积、施肥状况与肥源、灌溉与水利设施、农业机械化程度、作物总产和单产水平以及经济收益情况等。收集各试点县和试点县所在省、市的年鉴。收集各研究区域实验站点长期定位实验的数据资料和相关文献资料,并将这些数据资料按标准要求录入、整理和建库。

二、土壤采样设计

根据研究目的的不同，本研究采用网格布点法进行土壤样品采集，在余江县全县范围内共布设了 3 个网格等级（2 km×2 km、1 km×1 km、0.5 km×0.5 km），均采集表层土壤样品（0~20 cm）。具体操作如下：首先，在全县范围内基于 2 km×2 km 规则网格（图 3-4）布设采样点，采样点布设时主要考虑以下原则。

（1）重点考虑土壤类型（考虑到土种等级）、土地利用现状（重点是旱地、水田、菜地、果园）及粮食作物的分布情况。

（2）采用 2 km×2 km 的规则网格布设采样点，在网格的中心点附近采集样品。

（3）总采样点数量根据成图比例尺来确定，不同采样单元内采样点数量根据土地利用方式和土壤类型的复杂程度来确定。

（4）所布设的采样点在空间上的分布应该相对均匀且能较好地覆盖整个试点县。

（5）在研究区内每个土种必须至少包含一个采样点。

根据每个网格内土地利用类型的复杂程度确定采样点数，如果某个网格内一种土地利用类型占绝对优势，则布置 1 个采样点，如果某个网格内两种土地利用类型面积大致均等，则在此网格内取 2 个采样点，每种土地利用类型上各取 1 个样点；还有极少数网格内有三种土地利用类型的面积大致均等时，则取 3 个样点，也是每种土地利用类型取 1 个采样点。共计采集样点 561 个（图 3-4）。

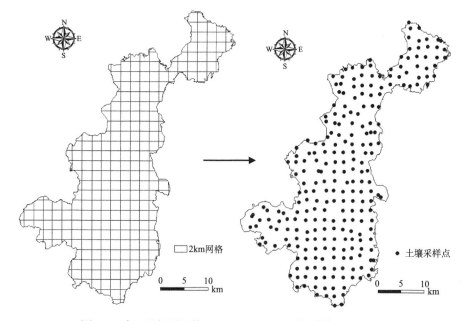

图 3-4　余江县规则网格（2 km×2 km）土壤采样点空间分布

其次，在全县 2 km×2 km 采样的基础上，在余江县主要的粮食产区——中部河谷平原区按照 1 km×1 km 网格进行加密采样（图 3-5）。具体做法是将 1 km×1 km 的网格叠加在 2 km×2 km 的网格及土地利用、土壤图、遥感影像等图件之上，同样在网格中心取点，每个网格布设 1 个采样点。该等级采样点共计 130 个（10 行×13 列）。

最后，在前两个网格等级采样点布设的基础上，再叠加 0.5 km×0.5 km 等级网格（图 3-5），在每个网格的中心位置布设 1 个采样点。除少数点因障碍因子无法布设采样点外，该网格等级共设采样点 235 个。

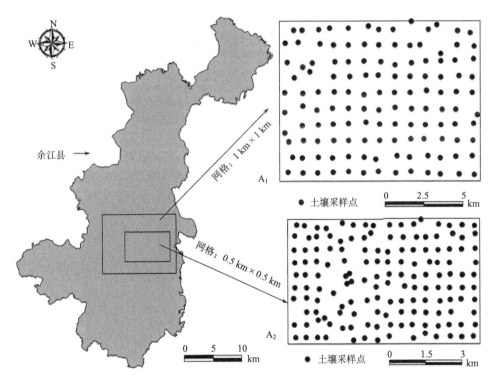

图 3-5　余江县中部加密网格（1 km×1 km 和 0.5 km×0.5 km）土壤采样点空间分布

三、土壤样品采集

本研究的土壤采样设计基于多种研究目的，采用正方形网格采样，网格大小分别为 2 km×2 km，依据此网格内主要的土壤类型和土地利用类型分别在网格中心取 1 个土壤样品并在该中心点附近再采集 1 个不同于该点土地利用方式的土壤样品。每个土壤样品采集的具体做法是在采样点附近 20 m 范围内采集 5 个耕作层（0～20 cm）土样，然后混合成一个土壤样品，用四分法取 1kg 土带回实验室。

同时在采样时，用 GPS 记录每个采样点的经纬度信息，并描述各样点的土壤、土地利用及相关环境信息。用以上方法共采集了 561 个土壤表层样品。所有土壤样品是在 2007 年 11~12 月农作物收割完成后采集的。图 3-6 是野外土壤采样工作场景。

图 3-6　余江县野外土壤调查采样工作图

四、土壤样品预处理

采集的土样需及时风干，样品风干前，首先应剔除土壤以外的侵入体，如植物残根、昆虫尸体和砖头石块等，以及新生体，如铁锰结核和石灰结核等。风干时将土样平铺在晾土架或地板上，让其自然风干。当土样达到半干状态时，将大土块捏碎，以免干后结成硬块，不易压碎。风干样品的操作应在通风的室内进行 [图 3-7（a）]。

(a)　　　　　　　　　　　　　(b)

(c)

图 3-7　土壤样品预处理过程

将风干的土样平铺在平整的木板或塑料板上，用木棍或塑料棍压碎。拣出的石子或结核等应称其重量并折算出它们的百分率，做好记录。细小已断的植物须根，可以在土样磨细前利用静电吸除或用微风吹的办法清除[图 3-7（b）]。经初步压碎的土样，如果数量太多，可以再用四分法分取适量，并用 100 目筛过筛（孔径为 0.107 mm）。未通过筛子的土粒，必须重新压碎过筛，直至全部通过筛孔为止。将过 100 目筛后的土样充分混匀，装入塑料袋中，内外各放一张标签，写明编号、采样地点、土壤名称、深度、筛孔以及采样日期和采样者等项目[图 3-7（c）]。所有样品都必须按编号用专册登记。制备好的土样要妥善储存，避免日光、高温、潮湿和有害气体的污染。

五、土壤有机碳测定

土壤有机碳含量使用低温外加热重铬酸钾氧化-滴定法测定（鲁如坤，2000）。其原理是在一定温度下（100℃，90 min）用重铬氧化土壤中的有机碳，部分六价铬（Cr^{6+}）被还原成绿色的三价铬（Cr^{3+}），用比色法测定三价铬的吸光度值。以葡萄糖标准溶液中碳氧化液为标准色阶，进行比色测定，进而计算土壤中的有机碳含量。

测定所需的仪器为电热恒温箱和分光光度计；所需的试剂为重铬酸钾溶液[c（1/6 $K_2Cr_2O_7$）= 0.8000 mol/L]、硫酸（H_2SO_4，ρ=1.84 g/cm³，化学纯）、有机碳标准溶液[ρ（C）=5 g/L][称取葡萄糖（分析纯）1.375 g 溶于水，并定容至 100 mL]。具体操作步骤如下：称 1.000 g 过 0.149 mm 筛的风干样（有机质含量在 1%～4% 的土壤），若为含量低的土壤，称样可加大到 2.00 g，放入 50 mL 普通试管中（50 mL 处有标记），加 5 mL 重铬酸钾溶液和 5 mL H_2SO_4，摇匀，（同时做无土样空白）放入 100℃恒温箱中，90min 后放入冷水浴中冷却，用注射器分两次加水至 50 mL，摇匀停放 3h 以上，取上清液比色，用 1cm 光径比色杯在 590 nm 波长处测定吸收值。用空白样液调比色计零点。

标准曲线的绘制：吸取有机碳标准溶液 0 mL、0.5 mL、1.0 mL、1.5 mL、2.0 mL、2.5 mL、3.0 mL 分别放入 7 个 50 mL 的试管中，补水至 3.0 mL，然后按土样测定操作进行测定，相应的含碳量分别为 0.0 mg、2.5 mg、5.0 mg、7.5 mg、10.0 mg、12.5 mg、15.0 mg，用空白液调比色计零点，测定的吸光值为纵坐标，相应含碳量为横坐标，绘制标准曲线。

土壤中的有机碳含量按以下公式计算：

$$O.C = \frac{m_1 \times 1.08}{m \times 10^3} \times 100 \tag{3-1}$$

式中，$O.C$ 为土壤有机碳含量值，%；m_1 为由标准曲线查出的土壤样品含碳量，mg；1.08 为氧化校正系数；m 为土壤样品质量，g。

第四章　红壤区土壤有机碳空间变异的影响因子分析

土壤有机碳受到诸多因子的影响和制约，SOC 主控因子研究对估算 SOC、空间分布及时空演变意义重大，同时也是合理利用土壤资源、制定合理的农业和环境管理措施的前提。影响 SOC 的因子不仅存在地区间的差异，也存在尺度上的差异。本研究在红壤丘陵区县域尺度上，对土壤类型、成土母质、土地利用方式及地形因子等因素进行分析，探讨县域尺度上影响 SOC 的主要因子，为土壤野外调查采样及 SOC 空间预测提供理论基础。由于气候因子在县域尺度上对 SOC 的影响不明显（王丹丹等，2009），本研究未对其进行分析。植被因子虽然是影响 SOC 的重要因子，但对于研究区来说，林地与农用地等土地利用方式的植被覆盖度不具有可比性，故本研究也未对其进行统计分析。

土地利用方式是人类活动的直接体现，土地利用方式的变化不仅直接影响 SOC 的含量和分布，还通过影响与土壤有机碳形成和转化有关的因子而间接影响 SOC，且其对 SOC 的影响越发重要。成土母质是制约土壤类型的重要因素，也是 SOC 含量的重要因子。地形因子通过影响土壤类型、土地利用方式及植被因子等，进而影响 SOC 的空间分布。然而在不同的地形区，人类活动强度也存在地区差异，也是 SOC 因子分析时需要考虑的因子。我国的土壤分类是基于发生学的分类方法，是以成土条件为依据，以土类、亚类、土属等为基本单元的土壤分类系统，各级分类单元均反映了土壤形成的特定环境条件。相同的土壤类型具有某些相似的成土条件。本章第一节对土地利用方式和成土母质进行分析，第二节对地形因子（主要包括海拔、坡度和坡向）进行分析，第三节对土壤类型与 SOC 含量的关系进行分析。

第一节　土地利用和成土母质对土壤有机碳的影响

一、不同土地利用方式的土壤有机碳变异

在不同土地利用方式下，进入土壤的有机质数量及其分解速率均存在较大的差异，进而造成不同土地利用方式间 SOC 的含量和空间分布的差异。本研究将所有采样点按土地利用方式分为水田、旱地、林地、菜地和果园五种类型。各类型的 SOC 含量统计见表 4-1。

表 4-1　不同土地利用方式的 SOC 含量统计

土地利用方式	样点数	SOC 含量/（g/kg）				
		最小值	最大值	极差	均值	标准差
水田	296	4.9	34.2	29.3	18.7	5.5
旱地	160	2.2	28.1	25.8	9.3	4.4
林地	79	3.1	38.0	34.9	15.0	9.5
菜地	11	9.5	24.2	14.7	14.9	4.7
果园	15	5.5	22.0	16.6	11.7	5.0

从统计结果可以看出，各土地利用方式的 SOC 含量存在差异，其中水田 SOC 含量最高，而旱地 SOC 含量最低，两者均值分别为 18.7 g/kg 和 9.3 g/kg，后者仅为前者的一半。各土地利用方式的 SOC 含量方差也存在差异，林地 SOC 含量方差最大，旱地 SOC 含量方差最小，两者分别为 9.5 g/kg 和 4.4 g/kg，前者是后者的两倍多。不同土地利用方式的 SOC 含量方差分析表明（表 4-2），各利用方式 SOC 含量的差异性达到了显著水平（$p < 0.001$）。由此可见，土地利用方式对 SOC 含量存在重要影响。这与很多学者的研究结果一致（Navarrete et al., 2008；Wang et al., 2009）。

表 4-2　不同土地利用方式的 SOC 含量方差分析

方差来源	偏差平方和	自由度	均方	F 值	P 值
组间	9 494.829	4	2373.707	67.328	0.000
组内	19 602.336	556	35.256		
总和	29 097.165	560			

二、不同母质的土壤有机碳变异

成土母质是土壤形成的基础，它通过影响土壤的矿物组成和土壤质地，进而影响土壤理化性质和 SOC 含量。本研究中所有的土壤样点根据成土母质可分为河流冲积物、红砂砾岩、红砂岩、第四纪红黏土和页岩、千枚岩、泥岩五种类型。各母质类型的 SOC 含量统计见表 4-3。

从统计结果可以看出，不同母质类型的 SOC 含量存在差异，其中母质为页岩、千枚岩、泥岩的 SOC 含量最高，达到 18.85 g/kg；其次是红砂砾岩，为 17.39 g/kg；而母质为红砂岩的 SOC 含量最低，仅为 8.82 g/kg，不及前两者的二分之一。存在差异的原因是发育在页岩、千枚岩、泥岩上的土壤多分布在余江县的北部山区，其土地利用类型多为林地，植被覆盖较好，SOC 含量丰富；而发育在红砂岩基础上的土壤多分布在余江县中南部地区,土地利用方式多为旱地,土壤有机质相对较低。页岩、千枚岩、泥岩的极差最大,为 34.66 g/kg;红砂岩最小,为 20.41 g/kg。各类型的 SOC 含量标准差也符合这一趋势,页岩、千枚岩、泥岩最大,为 7.58 g/kg;红砂岩最小,为 4.32 g/kg。

表 4-3 不同母质类型的 SOC 含量统计

母质类型	样点数	SOC 含量/(g/kg)				
		最小值	最大值	极差	均值	标准差
河流冲积物	88	4.51	30.87	26.36	15.76	5.47
红砂砾岩	124	6.02	31.24	25.22	17.39	5.16
红砂岩	150	1.63	22.04	20.41	8.82	4.32
第四纪红黏土	17	2.23	23.32	21.09	13.60	7.27
页岩、千枚岩、泥岩	182	3.30	37.96	34.66	18.85	7.58

为了说明发育在各母质类型上土壤的有机碳含量之间的差异性,本研究对各母质类型的 SOC 含量进行了方差分析,其分析结果见表 4-4。各母质类型上的不同土壤的有机碳含量 F 检验的 P 值均小于 0.001,可见各母质类型的 SOC 含量差异均达到了显著水平($p<0.001$)。这说明土壤母质对土壤 SOC 含量有着重要的影响。

表 4-4 发育在不同母质类型上的 SOC 含量方差分析

方差来源	偏差平方和	自由度	均方	F 值	P 值
组间	9 409.620	4	2352.405	66.435	0.000
组内	19 687.545	556	35.409		
总和	29 097.165	560			

第二节 地形因子与土壤有机碳的关系

一些学者认为地形是引起 SOC 区域差异的主要自然因子。它通过影响植被、土壤类型及土地利用方式,进而对 SOC 含量和分布产生影响。本书研究了地形因子中的海拔、坡度和坡向与 SOC 含量之间的关系。本研究基于余江县 DEM,提取了各采样点的海拔、坡度和坡向数据,对这三种地形因子与 SOC 含量的关系进行分析。表 4-5 是所有采样点的海拔统计结果,从中可以看出最高海拔为 237 m,最低海拔为 10 m,平均海拔为 63 m。

表 4-5 所有采样点海拔统计

样点数	海拔/m		
	最小值	最大值	均值
561	10	237	63

本研究以 5°为间隔，将余江县按坡度分为 6 个等级，最大坡度不超过 30°。在 6 个坡度等级中，0°~5°的采样点占较大比重，达到了总样点的 73%（表 4-6）。出现这种结果的原因，一方面是由于余江县中部的广大地区坡度起伏较小，而北部和南部的部分地区坡度相对较大；另一方面是由于红壤丘陵区的坡耕地存在严重的水土流失，为了减轻土壤侵蚀，农户有意识地通过多种措施对微地貌进行了改造，减缓坡耕地，特别是旱地的坡度的结果。

表 4-6 余江县不同坡度的 SOC 含量统计

坡度	样点数	SOC 含量/（g/kg）				
		最小值	最大值	极差	均值	标准差
0°~5°	410	1.6	34.1	32.5	14.4	7.0
5°~10°	60	3.3	38.0	34.7	15.7	7.9
10°~15°	33	8.7	34.2	25.5	20.1	7.0
15°~20°	30	9.8	34.9	25.1	17.9	6.9
20°~25°	15	5.1	24.5	19.4	13.2	6.0
>25°	13	8.7	35.8	27.2	19.7	7.2

另外，以 45°为间隔，将所有土壤采样点的坡向分为 8 个等级，其中坡向为 0°~45°的样点最多，而 315°~360°的样点最少（表 4-7）。从 SOC 含量来看，坡向为 90°~135°的样点最高，而 180°~225°的样点含量最低，分别为 20.1 g/kg 和 13.2 g/kg。从各等级的标准差来看，是坡向为 45°~90°和 315°~360°的样点方差最大，其他各方向的标准差差异较小。这种差异的出现一方面可能与采样点的土地利用方式有关，另一方面也可能与采样点的数量有关。

表 4-7 余江县不同坡向的 SOC 含量统计

坡向	样点数	SOC 含量/（g/kg）				
		最小值	最大值	极差	均值	标准差
0°~45°	259	1.6	34.1	32.5	14.4	7.0
45°~90°	70	3.3	38.0	34.7	15.7	7.9
90°~135°	57	8.7	34.2	25.5	20.1	7.0

续表

坡向	样点数	SOC含量/(g/kg)				
		最小值	最大值	极差	均值	标准差
135°~180°	62	9.8	34.9	25.1	17.9	6.9
180°~225°	36	5.1	24.5	19.4	13.2	6.0
225°~270°	41	8.7	35.8	27.2	19.7	7.2
270°~315°	32	1.6	34.1	32.5	14.4	7.0
315°~360°	4	3.3	38.0	34.7	15.7	7.9

表4-8是海拔、坡度和坡向三种地形指标的SOC含量方差分析结果。从中可以看出，不同坡向间的SOC含量差异未达到显著水平（$p<0.05$），而不同坡度和海拔等级间SOC含量达到了显著水平（$p<0.05$），说明在地形因子中，坡度和海拔对SOC含量有较大影响，而坡向对SOC含量的影响较小。

表4-8 各地形因子的SOC含量方差分析

指标	方差来源	偏差平方和	自由度	均方	F值	P值
海拔	组间	8 960.786	133	67.374	1.422	0.005
	组内	20 327.651	429	47.384		
	总和	29 288.437	562			
坡度	组间	1 617.672	5	323.534	6.513	0.000
	组内	27 670.765	557	49.678		
	总和	29 288.437	562			
坡向	组间	314.032	7	44.862	0.859	0.539
	组内	28 977.159	555	52.211		
	总和	29 291.191	562			

第三节 不同土壤类型间土壤有机碳变异

土壤发生学分类中各级分类单元均反映了土壤形成的某些共同条件。土类是高级分类中的基本分类单元，它的划分强调成土条件、成土过程和土壤属性三者的统一和综合。同一土类具有相同的主导成土过程，土类之间无论是在成土条件、成土过程方面，还是在土壤性质方面都具有显著的差别。亚类是在同一土类范围内的划分，是根据主导成土过程以外的附加成土过程来划分的。土属主要根据成土母质的成因类型与岩性以及区域水文控制的因子等地方性因素进行划分。对于地带性土壤类型来说，土类能够反映气候等主导成土因素的差别，亚类能够反映地形地貌等地方性因子的差别，而土属则能够反映成土母质等因素的差别。

本节首先对余江县土壤按土类、亚类和土属等级进行划分。按土类可分为水稻土、潮土和红壤三个类型。其中水稻土可分为淹育型水稻土、潴育型水稻土和潜育型水稻土三个亚类，潮土和红壤均包含一个亚类，分别为潮土亚类和红壤亚类。按土属可分为淹育型潮砂泥田、潴育型潮砂泥田、潴育型红砂泥田等13个土属。对土壤分类等级与SOC含量之间的关系进行统计，其统计结果见表4-9。

表4-9 不同土壤类型等级SOC含量统计

土壤类型		样点数	SOC含量/（g/kg）			
			最小值	最大值	均值	标准差
土类	水稻土	296	4.9	34.2	18.7	5.5
	潮土	11	4.5	22.0	10.0	4.8
	红壤	254	1.6	38.0	11.4	7.0
亚类	淹育型水稻土	8	12.9	20.7	18.1	2.7
	潴育型水稻土	236	4.9	34.2	18.1	5.7
	潜育型水稻土	52	10.3	34.0	21.1	4.3
	潮土	11	4.5	22.0	10.0	4.8
	红壤	254	1.6	38.0	11.4	7.0
土属	淹育型潮砂泥田	8	6.9	20.7	16.9	4.5
	潴育型潮砂泥田	72	4.9	30.9	16.8	5.1
	潴育型红砂泥田	104	6.0	29.4	17.0	5.1
	潴育型黄泥田	8	15.6	21.9	18.7	2.6
	潴育型鳝泥田	52	10.4	34.2	22.5	5.7
	潜育型红砂泥田	17	10.3	31.2	19.3	5.4
	潜育型鳝泥田	34	15.4	34.0	22.1	3.4
	砂壤质潮土	6	4.5	29.4	10.1	6.3
	砂质潮土	5	6.6	13.9	10.0	2.7
	红砂泥土	12	3.6	17.4	9.0	3.8
	红黏土红壤	7	2.2	8.2	5.7	2.2
	泥质岩红壤	97	3.3	38.0	15.8	8.2
	砂质岩红壤	138	1.6	22.0	8.8	4.4

从统计结果可以看出，在土类等级中，水稻土的SOC含量较高，而红壤和潮土的SOC含量较低，三种土类之间的SOC含量差异明显；从其方差来看，红壤的方差较大，高于水稻土和潮土。在亚类等级中，水稻土的三个亚类均高于红壤和潮土亚类。其中潜育型水稻土的SOC含量值最高，红壤SOC含量的方差最高。

从土属等级来看，潴育型和潜育型鳝泥田的有机碳含量较高，而红黏土红壤的 SOC 含量较低，仅约为前两者的四分之一。

为了说明在不同土壤分类等级下各类型 SOC 含量之间的差异性如何，本研究对各等级的土壤类型进行了方差分析，其分析结果见表 4-10。在各土壤分类级别下，不同土壤类型的 SOC 含量 F 检验的 P 值均小于 0.001，可见各土壤类型的 SOC 含量在各等级均有显著性差异（$p < 0.001$），说明土壤类型是影响土壤 SOC 含量的重要因子之一。

表 4-10 不同土壤分类级别 SOC 含量方差分析

土壤类型	方差来源	偏差平方和	自由度	均方	F 值	P 值
土类	组间	7 290.932	2	3645.466	93.284	0.000
	组内	21 806.234	558	39.079		
	总和	29 097.166	560			
亚类	组间	7 459.504	4	1864.876	47.920	0.000
	组内	21 637.662	556	38.917		
	总和	29 097.166	560			
土属	组间	12 319.045	12	1026.587	33.530	0.000
	组内	16 778.121	548	30.617		
	总和	29 097.166	560			

第四节 不同影响因子与土壤有机碳关系的比较

一、不同因子对土壤有机碳的影响

方差分析能够定性地说明不同类别土壤间的有机碳含量的差异是否显著，但并不能定量地比较不同影响因子对 SOC 含量的影响大小。为此，本研究分别以土地利用方式、成土母质、地形、土壤各类型等级（土类、亚类和土属）为自变量，以 SOC 含量为因变量进行回归分析，并通过比较各回归方程的调整判定系数来评判各因子对 SOC 含量影响的大小，结果见表 4-11。其中土壤类型中的土类、亚类和土属对 SOC 含量的解释程度分别为 0.250、0.253 和 0.414，土属等级对 SOC 含量的解释程度最大，土类的解释程度最小。可见，由于土属充分考虑了成土母质，使其对 SOC 含量的解释程度大幅增加。土地利用方式是人类活动对 SOC 含量影响的直接体现，它对 SOC 含量的解释程度为 0.323，说明土地利用方式直接制约 SOC 的含量。母质类型对 SOC 含量的解释程度为 0.322，可见成土母质依然是影响 SOC 含量的重要因子。相对于土壤类型、母质类型和土地利用方式，地形因子中的海拔、坡度和坡向对 SOC 含量的解释程度明显较低,说明人类对微地形的改变减弱了地形对 SOC 的影响。其中坡向的解释程度最低,仅为-0.002;其次是坡度,为 0.024;海拔的解释程度相对较大,但也仅为 0.060。

表 4-11 各影响因子对余江县 SOC 含量变异的独立解释

影响因子		R	R^2	R^2_{adj}
土壤类型	土类	0.503	0.253	0.250**
	亚类	0.509	0.259	0.253**
	土属	0.654	0.428	0.414**
母质类型		0.572	0.327	0.322**
土地利用方式		0.571	0.326	0.323**
海拔		0.248	0.061	0.060**
坡度		0.123	0.015	0.024*
坡向		0.104	0.011	-0.002

*表示 $p<0.05$;**表示 $p<0.01$。

二、红壤区影响区域土壤有机碳的主控因素

从各影响因子对 SOC 含量的解释程度(表 4-11)来看,首先土壤类型等级由高到低对 SOC 含量的解释程度逐步增加,土属等级达到最高。这主要是由于中国土壤类型的划分是基于土壤发生学的,随着土壤类型等级的降低,对成土因子的考虑越全面和细化,所以土壤等级越低对 SOC 含量的解释程度越高。其次,土地利用方式对 SOC 含量影响较大。这表明随着社会的发展,人类活动对土壤属性的影响越发不可忽视,土地利用方式间 SOC 含量的巨大差异充分说明了这一点。由于不同土地利用方式的管理措施、植被覆盖等因子存在较大差异,尤其是对于农业土壤来说,不同利用方式的耕作、施肥措施存在明显差异,其土壤理化性质也明显不同,故 SOC 含量也存在明显差异。一些研究表明,不同土地利用方式的农业土壤的 SOC 含量差异出现逐步增加的趋势(许泉等,2006)。再者,母质类型的差异对 SOC 含量有着十分重要的影响。成土母质通过影响土壤形成的地形部位和土壤理化特征,进而导致土壤类型的不同;成土母质也是土壤类型划分的重要依据,两者存在密切关系。如在亚类的基础上根据成土母质的不同而划分为不同的土属类型。

地形因子中的各指标对 SOC 含量的解释程度均较低,说明人类活动降低了地形因子对土壤属性的作用。如实行退耕还林、还草可以减少土壤侵蚀量,增加 SOC 含量;对坡耕地的局部平整措施也可以减弱土壤侵蚀,进而减缓土壤中有机质的损失;秸秆还田和平衡施肥等措施的实施也在一定程度上减轻了地形因子对 SOC

含量的影响。可见,与土壤类型、土地利用方式和母质类型相比,地形因子对SOC含量的影响要小得多。因此,本研究在选择SOC含量的主要影响因子时,主要考虑土壤类型、土地利用方式和母质类型。而土壤类型划分到土属等级时,已经包含了母质类型因子对SOC含量的影响,所以本研究选择对SOC含量有着直接和重要影响的土壤类型和土地利用方式作为主要的考虑因子。

第五节 本章小结

不同土壤类型、母质类型和土地利用方式的SOC含量均值的差异在余江县均达到显著水平($p<0.05$),说明土壤类型、母质类型和土地利用方式对SOC含量均具有重要影响。同时,分析表明地形因子中的海拔和坡度对SOC含量影响也达到显著水平($p<0.05$),但坡向的影响不显著。从各因子对SOC含量变异的独立解释能力来看,土壤类型、土地利用方式和母质类型对SOC含量的解释度较高,而地形因子中的各指标对SOC含量的独立解释度均较低,其中土壤类型中的土属等级对SOC含量独立解释能力最强。由于土壤类型中的土壤等级划分的主要依据是成土母质,已经包含了母质类型因子对SOC含量的影响,故本研究主要选择土壤类型(包括土类、亚类和土属三个等级)和土地利用方式两种因子作为SOC含量的主控因子。

第五章　样点布设模式对揭示土壤有机碳空间变异的影响

土壤样品采集是揭示 SOC 空间变异性的重要环节,而采样点布设模式是土壤样品采集时面临的首要问题,采样模式的选择直接影响土壤的采样效率。在地形复杂、土地利用方式和土壤类型多变的中国南方红壤丘陵区,采样模式的优化和选择尤为重要。为此,本研究设计了四种土壤调查中常用的土壤采样点布设模式,即未分类的网格法(Grid)、土壤类型法(SoTy)、土地利用类型法(Lu)和土地利用-土壤类型法(Lu-SoTy)布点。为了分析各采样点布设模式的效率高低,本研究通过比较与其相对应的采样点分类模式(网格法、土壤类型法、土地利用类型法和土地利用-土壤类型法)的平均变异系数大小,来评价基于各采样点布设模式的采样效率高低,并从中选出较适合于中国南方红壤丘陵区的土壤采样点布设模式。

第一节　不同样点分类模式对揭示有机碳变异的影响

一、采样点分类模式的设定

变异系数是表征 SOC 变异性的重要参数(Sokal and Rohlf,1981),其表示采样时所布设采样点的代表性强弱,即获得 SOC 空间信息时的不确定性大小。本研究设计了四种土壤采样点分类模式,通过对比各分类模式的变异系数,研究基于各分类模式的土壤采样点布设模式对揭示余江县 SOC 含量变异性的影响,进而分析其对 SOC 野外调查的采样效率。本研究的四种分类模式包括:第一种是作为对照,未对网格采样点进行分类;第二种是按土壤类型分类,将所有土壤样品按土壤类型分为土类、亚类和土属三个级别;第三种是按土地利用类型分类,将所有土壤样品分为水田、旱地、林地、菜地和果园 5 种土地利用类型;第四种是土地利用-土壤类型法,即先将所有样点按土地利用方式分类,然后针对每种土地利用类型按土类、亚类和土属进行分类。四种采样点分类模式分布对应系统网格法、土壤类型法、土地利用类型法和土地利用-土壤类型法土壤采样布点模式,通过比较不同分类方法的 SOC 含量变异系数和平均变异系数,分析各采样点布设模式的效率,确定适合红壤丘陵区县级尺度的经济、高效的采样点布设方式。

二、系统网格法和土壤类型法的有机碳变异性

首先对 561 个 Grid（系统网格法）采样点进行统计（表 5-1），在所有采样点中，SOC 含量值最小的为 1.6 g/kg，最大值为 38.0 g/kg，两者相差 36.4 g/kg，后者约为前者的 24 倍，表明中国南方红壤丘陵区的 SOC 含量具有较大的变幅。研究区 SOC 含量的平均值为 15.2 g/kg，高于华北地区的旱地（王淑英等，2008），而低于东北黑土区（Liu et al.，2006b）。研究区 SOC 含量的变异系数为 47.4%，均不同程度地高于华北地区和东北黑土区县域范围内的 SOC 含量变异系数。

表 5-1 所有土壤采样点 SOC 含量描述统计

样点数量	SOC 含量/（g/kg）				变异系数/%
	最小值	最大值	均值	标准差	
561	1.6	38.0	15.2	7.2	47.4

按 SoTy 分类后各土壤级别的 SOC 含量及其变异系数见表 5-2，从中可以看出水稻土与红壤、潮土的 SOC 含量差异显著。其中水稻土的 SOC 含量（18.7 g/kg）几乎比红壤（11.4 g/kg）和潮土（10.0 g/kg）高 1 倍。从土壤亚类和土属等级来看，也是水稻土各亚类和各土属明显高于红壤与潮土。其中潜育型水稻土（21.1 g/kg）在各土壤亚类等级中的 SOC 含量最高，而潮土亚类的 SOC 含量最低，不及前者的一半；潴育型鳝泥田（22.5 g/kg）SOC 含量在土属等级中最高，而红黏土红壤的 SOC 含量最低，只有 5.7 g/kg。总的看来，不同等级下的水稻土 SOC 含量明显高于其他土壤，这与许泉等（2006）的研究一致。究其原因，一方面是因为水稻生长和收获后的植物残体较多，即有机质的输入较高；另一方面是由于水稻土长时间的淹水条件有利于 SOC 的积累（Ponnanperuma，1984）。而不同类型级别的红壤，一方面由于水分含量较低而导致 SOC 分解速度较快（Lal and Kimble，1997），另一方面是各类型级别红壤均存在不同程度的土壤侵蚀，使有机质含量较高的表层土壤大面积流失，导致 SOC 含量的降低；而潮土的土地利用多为旱地，不利于 SOC 的积累（Liu et al.，2006b；Xu et al.，2007），因此该类型土壤的 SOC 含量也较低。

按土壤类型进行分类后，水稻土、红壤和潮土 3 个土类的变异系数差异明显（表 5-2）。其中红壤的变异系数最高，为 61.4%；水稻土的变异系数最低，为 29.6%，前者约为后者的两倍。从表 5-2 可见，不管是水稻土，还是红壤和潮土，随着分类级别的降低，几乎所有的 SOC 变异系数都变小，但变幅大小不一。水稻土各亚类中，淹育型水稻土和潜育型水稻土变异系数均低于土类的变异系数，其中潜育型水稻土变异系数较土类降低的幅度最大，达到 9.2 个百分点。水稻土各土属的

表 5-2　土壤类型分类后各级别有机碳含量及其变异系数

土类	亚类	土属	N	均值/(g/kg)			CV/%		
				土属	亚类	土类	土属	亚类	土类
水稻土	淹育型	潮砂泥田	9	18.1 abc§	18.1b	18.7a	26.7	26.7	29.6
	潴育型	潮砂泥田	71	16.6bc	18.2b	18.7a	30.7	31.1	29.6
		红砂泥田	104	17.0bc			30.2		
		黄泥田	9	18.7ab			14.1		
		鳝泥田	52	22.5a			25.1		
	潜育型	红砂泥田	17	19.3ab	21.1a	18.7a	28.2	20.4	29.6
		鳝泥田	34	22.1a			15.4		
红壤	红壤	红砂泥土	12	9.0d	11.4c	11.4b	42.2	61.4	61.4
		红黏土红壤	7	5.7d			39.5		
		泥质岩红壤	97	15.8bc			51.9		
		砂质岩红壤	138	8.8d			49.7		
潮土	潮土	砂壤质潮土	6	10.1d	10.0c	10.0b	56.1	47.7	47.7
		砂质潮土	5	10.0d			26.9		

注：N 表示土壤采样点数量；§表示 SOC 含量平均值的差异性比较，同一栏中相同字母表示无显著性差异（$p<0.05$）。

变异系数进一步降低，其中潴育型黄泥田和潜育型鳝泥田的变异系数最低，分别为 14.1%和 15.4%，仅为土类变异系数的一半。红壤、潮土土类由于均仅有 1 个亚类，所以其土类与亚类级别的变异系数完全相同。其中，红壤各土属中变异系数最小的为红黏土红壤，为 39.5%，较土类变异系数约降低了 21.9 个百分点。而潮土的 2 个土属中砂质潮土（26.9%）较土类降低的幅度最大，达到 20.8%。从表 5-2 中还可以看出，水稻土、红壤和潮土三个土壤类型的亚类级别的 SOC 变异系数之间的差异较土类等级有所增加，其中红壤亚类的变异系数是潜育型水稻土变异系数的 3 倍。在土属级别中，砂壤质潮土的 SOC 变异系数（56.1%）最高，为潴育型黄泥田（14.1%）的 4 倍左右。由此可以看出，随着土壤级别的降低，类型间变异系数的差异有增加的趋势。

图 5-1 为 561 个采样点总样本及水稻土、红壤和潮土的平均变异系数随土壤级别的变化图。从图中可以看出，所有样点经土类、亚类和土属三个土壤类型级别的分类后，其 SOC 含量的平均变异系数分别为 46.2%、37.5%和 33.6%，分别较未分类网格采样点的 SOC 变异系数（47.4%）降低了 1.2 个百分点、9.9 个百分点和 13.8 个百分点。而从各土壤类型的平均变异系数随级别的变化来看，水稻土各亚类、土属平均变异系数分别较土类降低了 3.5%和 5.3%。红壤和潮土各土属 SOC 平均变异系数分别为 45.8%和 41.5%，分别较土类降低了 15.6%和 6.2%，表明红壤各土属平均变异系数较土类降低的幅度最大，水稻土各土属次之，潮土各

土属较土类降低幅度最小。

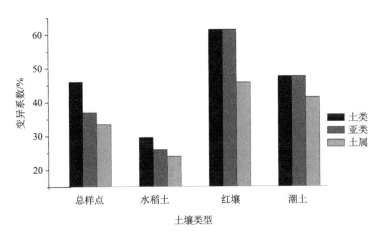

图 5-1 总样点和分类样点的 SOC 平均变异系数随土壤级别的变化

三、土地利用类型法的土壤有机碳变异性

将 561 个土壤样品按土地利用方式（Lu）分为水田、旱地、林地、菜地和果园 5 种类型，其 SOC 含量及变异系数统计结果见表 5-3。从表 5-3 中可以看出，各土地利用类型中水田的 SOC 含量最高，为 18.7 g/kg；旱地 SOC 含量最低，仅为 9.3 g/kg，两者相差 9.4 g/kg；林地、菜地和果园的 SOC 含量介于旱地和水田之间。从各土地利用方式的 SOC 变异系数来看，林地的 SOC 含量变异系数最高，达到 59.6%；而菜地和水田的变异系数均较小，分别为 31.3% 和 29.6%，大约仅为林地的一半。与未分类网格采样点的变异系数相比，经土地利用方式分类后的各 SOC 含量变异系数中除林地较未分类的网格采样点出现升高外，其他土地利用方式 SOC 变异系数均出现不同程度的降低（图 5-2）。其中水田和菜地的变异系数降低的幅度最大，分别达到了 17.8% 和 16.1%。5 种土地利用方式的 SOC 含量平均变异系数为 42.2%，较未分类网格采样点 SOC 变异系数降低了 5.2%。

表 5-3 各土地利用方式下有机碳含量及变异系数

土地利用方式	N	均值/（g/kg）	变异系数/%
水田	296	18.7a§	29.6
旱地	160	9.3c	47.6
林地	78	14.8b	59.6
菜地	10	15.1ab	31.3
果园	15	11.5bc	43.1

注：N 表示采样点数量；§表示 SOC 含量平均值的差异性比较，同一栏中相同字母表示无显著性差异（$p<0.05$）。

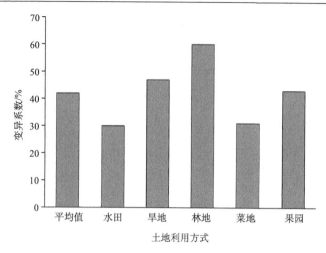

图 5-2　各土地利用方式的 SOC 变异系数及平均变异系数

四、土地利用-土壤类型法的有机碳变异性

先将采样点按土地利用方式分类，然后将每一个土地利用类型下的土壤样品进行土壤类型分类，得到各分类等级的 SOC 含量及变异系数，见表 5-4。表 5-4 表明，从土类到土属，水田（水稻土）SOC 含量均较高；土属中的果园、林地和菜地泥质岩红壤的 SOC 含量也较高，分别为 19.5 g/kg、19.0 g/kg 和 18.2 g/kg；旱地红黏土红壤的 SOC 含量最低，仅为 5.8 g/kg，约为潜育型鳝泥田的四分之一及旱地泥质岩红壤的二分之一。

从表 5-4 中可以看出，经土地利用-土壤类型分类后，各土类级别中 SOC 变异系数最高的为林地红壤，变异系数最小的为水稻土。5 种土地利用方式各土壤类型的 SOC 变异系数随着分类级别的降低也基本呈降低趋势，但变幅大小差异较大。其中水稻土和表 5-2 中的水稻土变化相同，即潜育型水稻土亚类变异系数较土类变异系数降低幅度最大，潜育型黄泥田和潜育型鳝泥田的变异系数大致为土类变异系数的一半。旱地各土属中，除砂壤质潮土变异系数（35.8%）较土类出现降变异系数（31.9%）略有升高外，其他土属变异系数均较土类低，其中降幅最大的为红黏土红壤（34.0%），降幅达 14.4%。林地和菜地各土属中，均是泥质岩红壤的变异系数高于砂质岩红壤的变异系数，其中林地砂质岩红壤的变异系数（41.5%）和菜地砂质岩红壤的变异系数（25.8%）分别较土类降低了 18.1%和 5.5%。而果园的泥质岩红壤的变异系数（12.9%）较果园红壤土类的变异系数降低了 30.2%，降幅在所有土属中最高。从各类型变异系数的差异来看，5 个土地利用方式的土类和亚类级别中，林地红壤的变异系数分别为水稻土和潜育型水稻土的 2 倍和 3 倍，而在各土属等级中，旱地砂质岩红壤和林地泥质岩红壤的变异系数为果园泥质岩红壤的 3.5 倍左右。可见，类型间变异系数的差异随土壤类型等级的降低也出现增加的趋势。

表 5-4 基于土地利用-土壤类型分类模式的有机碳含量及变异系数

利用方式	土类	土壤亚类	土属	N	均值/（g/kg）			CV/%		
					土属	亚类	土类	土属	亚类	土类
水田	水稻土	淹育型	潮沙泥田	9	16.9bcd§	16.9bc	18.7a	26.7	26.7	29.6
		潴育型	潮沙泥田	71	16.8cd	18.2b	18.7a	30.7	31.4	29.6
			红砂泥田	104	17.0bcd			30.2		
			黄泥田	9	18.7bc			14.1		
			鳝泥田	52	22.5a			25.1		
		潜育型	红砂泥田	17	19.3ab	21.1a	18.7a	28.2	20.4	29.6
			鳝泥田	34	22.1a			15.4		
旱地	红壤	红壤	红砂泥土	11	8.5f	9.4e	9.4c	42.6	48.4	47.6
			红黏土	7	5.8f			34.0		
			泥质岩	42	12.5e			39.0		
			砂质岩	90	8.3f			46.4		
	潮土	潮土	砂壤质	5	8.7f	8.9e	8.9c	35.8	31.9	31.9
			砂质	5	10.0ef			26.9		
林地	红壤	红壤	泥质岩	47	19.0b	14.8c	14.8b	46.2	59.6	59.6
			砂质岩	31	8.5f			41.5		
菜地	红壤	红壤	泥质岩	4	18.2bcd	15.1bc	15.1ab	35.0	31.3	31.3
			砂质岩	6	12.9de			25.8		
果园	红壤	红壤	泥质岩	4	19.5ab	11.5de	11.5bc	12.9	43.1	43.1
			砂质岩	11	8.6f			30.9		

注：表中 N 表示采样点数量；CV 表示 SOC 变异系数；§表示 SOC 含量平均值的差异性比较，同一栏中相同字母表示无显著性差异（$p < 0.05$）。

图 5-3 为 561 个采样点总样本及 5 种土地利用方式的平均变异系数随土壤分类级别的变化图，从中可以看出，土类、亚类和土属级别的 SOC 含量平均变异系数分别为 40.5%、36.6% 和 30.9%，较未分类网格采样点的 SOC 含量变异系数分别下降了 6.9%、10.8% 和 16.5%。从各土地利用方式下 SOC 平均变异系数随土壤分类级别的变化来看，亚类级别中，水稻土（水田）亚类 SOC 含量平均变异系数较土类降低了 3.5%，其他土地利用方式的土壤亚类变异性系数同土类均相同；而在土属级别中，果园土壤土属级别的 SOC 含量平均变异系数较亚类降低的幅度最大，达到 21.2%；菜地土壤土属 SOC 平均变异系数较亚类降低的幅度最小，仅为 0.9%。

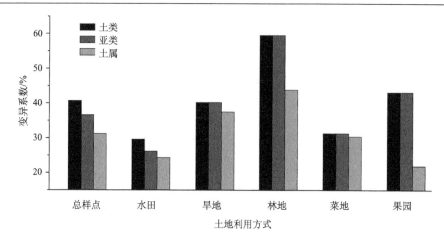

图 5-3　总样点和各利用方式下分类样点的 SOC 平均变异系数随土壤级别的变化

第二节　区域土壤采样点布设的优化模式

一、不同土壤采样布点模式的比较

网格法采样点的 SOC 含量变异系数与土壤类型、土地利用类型、土地利用-土壤类型方法的 SOC 含量平均变异系数对比见图 5-4,可以看出,后三种分类方法由于考虑了类型间 SOC 含量的差异,分类后的平均变异系数均低于网格法的变异系数。其中,土壤类型法和土地利用-土壤类型法下的 SOC 平均变异系数随土类、亚类和土属等级的变化而降低,这与很多学者的研究结果一致(Davis et al.,2004;Guo et al.,2006)。但土壤类型法仅考虑了土壤类型对 SOC 变异性的影响,忽略了土地利用方式对 SOC 的重要影响(Wei et al.,2008),如表 5-4 中林地和旱地同为红壤,但其 SOC 含量差异显著,所以造成其土类、亚类和土属级别的 SOC 平均变异系数均高于土地利用-土壤类型法相应的分类级别。同样,土地利用类型法尽管考虑了土地利用方式对 SOC 变异性的影响,但忽略了土壤类型对 SOC 的影响,如表 5-4 中旱地的泥质岩红壤 SOC 含量与其他土属差异显著,造成其 SOC 含量的平均变异系数也高于土地利用-土壤类型法的各分类级别;而与土壤类型法相比,土地利用类型法的 SOC 平均变异系数略低于其土类级别的平均变异系数,但高于其亚类和土属级别的变异系数,说明土地利用类型法分类结果较土壤土类分类结果具有优势,随着土壤分类的逐渐详细,土壤类型法则较土地利用类型法更具有优势。这也说明土地利用方式和土壤类型对 SOC 的变异性影响均不可忽视(Momtaz et al.,2009)。

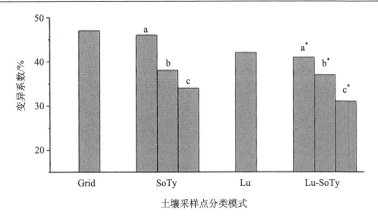

图 5-4 不同采样点分类模式下 SOC 变异系数

图中 a、b、c 和 a*、b*、c* 分别表示 SoTy 和 Lu-SoTy 方法的土类、亚类和土壤等级

二、土壤优化样点布设模式的优选

由于变异系数表示采样时获得 SOC 信息的不确定性大小，在相同的采样面积和采样点数量的前提下，变异系数较高的区域则采样点的代表性相对较差，难以真实反映 SOC 的空间信息，进而土壤采样的效率也较低。若要获得同等详尽程度的 SOC 空间分布特征，则需要更多的采样点数量（Conant and Paustian，2002）。可见，土壤采样点的数量与所需揭示的土壤属性的变异性密切相关。中国南方红壤丘陵区地形复杂，土地利用和土壤类型多变，且各土地利用方式和土壤类型间的 SOC 含量及变异性存在较大差异，所以在采样时需要充分考虑该区域的 SOC 分布特征，来选择适合该地区的土壤采样点布设模式。

在四种土壤采样点的分类方法（未分类、按土壤类型分类、按土地利用类型分类和按土地利用-土壤类型分类）中，分别对应土壤调查时的四种采样点布设模式，即未分类 Grid、SoTy、Lu 和 Lu-SoTy。由于在四种采样点分类方法中，按土壤类型、按土地利用类型和按土地利用-土壤类型分类方法的 SOC 平均变异系数均不同程度地低于未分类 Grid 的 SOC 变异系数，说明根据 SoTy、Lu 和 Lu-SoTy 来布设采样点较 Grid 能更有效地揭示 SOC 的空间分布状况，即获取的 SOC 空间信息更加可靠，采样效率更高。其中土地利用-土壤类型各分类级别的平均变异系数最小，说明根据 Lu-SoTy 来布置采样点的采样效率最高，且采样效率随着土壤分类级别的降低而升高；而据 SoTy 的亚类和土属布置采样点效率优于据土地利用类型布点，据土壤土类布点的效率则低于 Lu 布点。

Grid 是一种系统随机、空间均匀的采样方法（Brus and Gruijter，1997；Liu et al.，2006a；Zhang et al.，2008b），在田块尺度或大面积统一管理的地区有较好的应用效果（Duffera et al.，2007），但在土壤和土地利用较复杂的地区的应用会受到制约（Liu et al.，2006a）。红壤丘陵区的地形特点、土地利用和土壤类型的分布特征使网格法的适用性受到影响。由于未分类的 Grid 未考虑土壤类型和土地利用类型对 SOC 变异性的影响，得到的 SOC 变异系数最高，采样点代表性最差，采样效率也最低。另外，网格均匀采样忽视了各类型间变异系数的差异，无疑会导致在 SOC 变异系数较小的土壤或土地利用类型上的采样点数量设置偏多，造成不必要的浪费。同时在变异系数较高的土壤或土地利用类型上，由于采样点不足而无法获得准确的 SOC 空间信息，从而降低采样设计的高效性和经济性。

以上研究表明，在中国南方红壤丘陵区对 SOC 进行野外调查时，采用当前国外土壤调查采样时常用的 Grid 方法进行采样点布设，其采样效率较低。在采样时应充分考虑红壤丘陵区的地形特点，各土地利用方式和土壤类型间的 SOC 含量及其变异性的差异性，选用既考虑了土地利用类型又考虑了不同土壤类型 SOC 差异性的 Lu-SoTy 模式进行土壤采样点布设，会大大降低采样时的不确定性，进而提高土壤采样效率。

第三节 本章小结

中国南方红壤丘陵区地形复杂，不同土地利用和土壤类型间的 SOC 含量差别较大，且交错分布，导致该地区 SOC 存在较大的空间变异性。本研究比较了为揭示 SOC 空间变异性的四种常用采样布点模式（Grid、SoTy、Lu 和 Lu-SoTy），认为在红壤区进行土壤野外调查时，Lu-SoTy 采样点布设模式最适合其区域特点，采样效率最高，而 Grid 布设模式的效率最低，SoTy 和 Lu 布设模式居于二者之间。这一研究结果对红壤丘陵区野外土壤调查计划的制定具有重要的指导价值。通过优化的采样布点模式高效揭示 SOC 的空间变异特征，不仅可以深入理解各土地利用方式和土壤类型间的肥力差异，促进农田土壤的合理施肥和区域土壤管理，为精准农业的实施提供基础资料和理论依据；而且也为进行更接近土壤实际情况的 SOC 动态模拟，从而掌握区域 SOC 库的时空演变规律，为全球气候变化研究奠定基础。

第六章 基于不同采样点密度的区域合理土壤采样点数量估算

在制定土壤野外采样计划时,除了确定土壤采样点布设模式外,采样点的布设密度是遇到的又一问题,同样对揭示 SOC 空间变异性有着重要影响和制约。通常来讲,采样点密度越大,越能准确地揭示 SOC 空间变异特征,反之,揭示的程度越差。然而,采样点密度的大小,即采样数量的多少,直接关系到采样成本(经费、人力、物力、时间等),故必须兼顾之。因此,弄清土壤采样点密度与揭示 SOC 空间变异性关系的研究意义重大。目前,虽然有一些学者对不同采样密度下 SOC 空间变异性开展了研究,但采样密度对揭示 SOC 空间变异性的影响,及这种影响在各土地利用方式间和土壤类型间是否存在差异尚没有明确结论。本章依据不同的土壤采样点密度,分析采样密度对揭示 SOC 空间变异性的影响,研究这种影响在各土地利用方式间和土壤类型间的差异,为以后采样计划的制定提供参考。

第一节 不同采样点密度的土壤有机碳空间变异特征

一、不同采样点密度的设定

为研究采样密度对揭示 SOC 空间变异性的影响及其在各土地利用方式间和土壤类型间的差异,本节基于主要土地利用方式和土壤类型的 525 个采样点(即 $n=525$),通过重采样得到 6 个不同密度等级的样点分布,重采样密度分别为 8 km× 8 km、4 km × 8 km、4 km × 4 km、2 km × 4 km、2 km × 2 km 和全部样点,共得到 6 个样点数量等级(样点数 n = 14、34、68、130、255 和 525),将其采样密度等级分别记为 D_{14}、D_{34}、D_{68}、D_{130}、D_{255} 和 D_{525}。在通过大小不同的网格进行重采样时,每个网格内会出现一个或多个采样点,在选点时遵循距离网格中心点最近距离的原则。各采样密度的采样点分布见图 6-1。

为研究采样密度对揭示 SOC 空间变异性影响的土地利用差异和土壤类型差异,将不同采样密度等级的土壤采样点按土地利用方式可以分为水田、旱地和林地三种类型,在 D_{14}~D_{525} 六个等级,水田采样点数量分别为 5、18、36、64、115 和 294,旱地的采样点数量分别为 5、9、19、40、87 和 152,林地采样点数量分别为 4、7、13、26、53 和 79。按土壤类型分为水稻土和红壤两种类型,水稻土在各密度等级中的采样点数与水田相同,红壤采样点数量分别为 9、16、32、66、140 和 231。

(a) 8km×8km

(b) 4km×8km

(c) 4km×4km

(d) 2km×4km

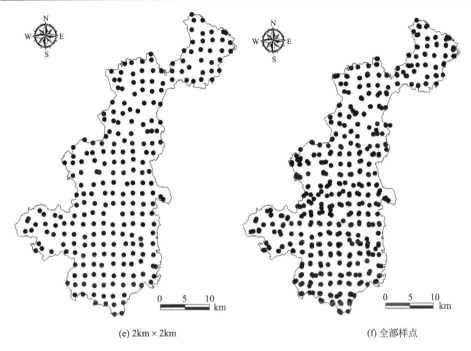

(e) 2km×2km　　　　　　　　　　　　　(f) 全部样点

图 6-1　不同采样密度的采样点分布图

二、不同采样点密度土壤有机碳的描述性统计

研究区不同采样点密度 SOC 含量的描述统计如表 6-1 所示。D_{525} 的 SOC 含量均值为 15.2g/kg，最大值和最小值分别为 38.0 g/kg 和 1.6 g/kg，前者约为后者的 23 倍，SOC 含量的变化范围较大。由于不同采样密度是由 525 个样点重采样而来，D_{14}～D_{255} 的 SOC 含量均值在 D_{525} 的均值上下波动，且采样密度越大其波动幅度越大。从 6 个密度等级来看，SOC 含量最大值随样点密度增加而增大，而最小值则出现相反趋势。SOC 含量方差随采样密度的增加大致呈降低趋势，说明采样点 SOC 含量值的离散程度逐渐降低。偏度系数和峰度系数表明各密度等级 SOC 含量数据均基本呈正态分布。

表 6-1　不同采样密度的 SOC 含量特征统计

密度等级	样点数量	SOC 含量/(g/kg)				偏度	峰度
		最大值	最小值	均值	标准差		
D_{14}	14	34.1	5.4	14.2	8.9	0.9	0.0
D_{34}	34	34.9	3.1	16.2	8.9	0.5	−0.6
D_{68}	68	38.0	3.1	15.6	8.5	0.5	−0.2

续表

密度等级	样点数量	SOC 含量/(g/kg)				偏度	峰度
		最大值	最小值	均值	标准差		
D_{130}	130	38.0	2.7	15.4	7.9	0.7	0.2
D_{255}	255	38.0	2.7	14.8	7.6	0.6	0.1
D_{525}	525	38.0	1.6	15.2	7.2	0.4	−0.3

三、采样点密度对揭示土壤有机碳变异的影响

研究区 SOC 含量变异系数随采样密度的变化如图 6-2 所示。在 D_{14}~D_{525} 六个等级中，SOC 含量变异系数的变化范围为 47.4%~62.8%，D_{525} 的 SOC 变异系数最小，而 D_{14} 的变异系数最大，SOC 含量变异系数随采样密度的增加呈明显下降趋势，这与 Onofiok（1993）在小区域上的研究结果相似。原因是随着采样点数量的增加，SOC 含量较大和较小的采样点所占的比例越小，数据的波动性呈减小趋势。这也表明采样点数量越多，获取 SOC 空间信息的不确定性越小。采样密度从 D_{14}~D_{525}，即平均每 100 km^2 由 1.5 个采样点增加到 57 个采样点，相当于从平均 66.7 km^2 取一个样增加到 1.8 km^2 取一个样，SOC 变异系数共降低了 15.4 个百分点；SOC 变异系数平均降低 1 个百分点，则每 100 km^2 内平均需增加 3.6 个采样点。研究表明红壤丘陵区 SOC 变异系数与采样密度关系密切，土壤调查采样密度较小时，SOC 变异系数较大，则获取 SOC 空间变异信息的不确定性较大，反之，SOC 变异系数较小，获取 SOC 含量空间变异信息的不确定性较小。

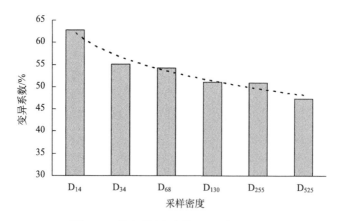

图 6-2 不同采样密度的 SOC 变异系数

四、采样点密度对揭示各土地利用类型有机碳变异的效率差异

从以上分析可以看出,采样密度对揭示区域 SOC 空间变异性有重要影响。然而,采样密度影响揭示 SOC 空间变异性在土地利用类型之间会不会有差异呢?为此选择该地区最主要的水田、旱地和林地进行研究,其 SOC 变异系数随样点密度(从 D_{14} 到 D_{525})增加的变化如图 6-3 所示。三种土地利用方式的 SOC 变异系数中,林地最高(99.3%~64.4%),水田最低(30.8%~28.7%),旱地(58.1%~48.7%)则处于两者之间,三者存在明显差异。林地 SOC 变异性大是由于研究区林地的土壤成土母质、地形的差异,加上树木生长历史不同,覆盖度及地表枯枝落叶层的差异较大。作物类型多样,不同作物的管理措施差异较大,造成旱地 SOC 也具有较大的变异性,然而水田的种植、管理方式存在较强的相似性,故其变异性也较前两者小得多。

从图 6-3 可以看出,水田 SOC 变异系数随采样密度增加的变化不明显(仅为 2.1 个百分点);而旱地和林地 SOC 变异系数均出现快速降低,旱地由 58.1% 降至 48.7%,降低 9.4 个百分点;林地降低得更多,从 99.3% 减至 64.4%,降低 34.9 个百分点。林地和旱地的降幅远远大于水田,如果要使旱地和林地 SOC 变异系数平均降低 1 个百分点,则平均每 100 km^2 分别至少需增加 5.9 个和 1.6 个采样点。这表明三种土地利用方式 SOC 变异系数受采样密度的影响存在很大差异,受影响的程度为林地>旱地>水田。

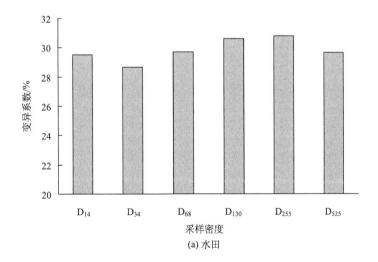

(a) 水田

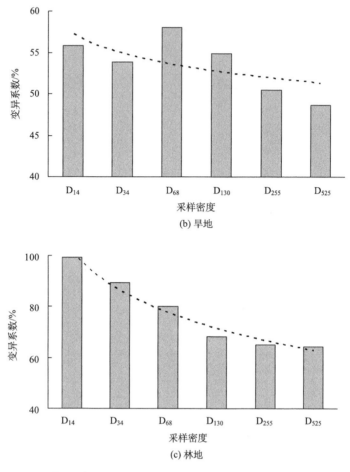

图 6-3 采样密度对揭示 SOC 空间变异性影响的土地利用类型差异性

五、采样点密度对揭示各土壤类型有机碳变异的效率差异

由于本研究采集的水稻土和水田样品基本相同,两者 SOC 变异系数在各密度等级均相同,水稻土和红壤的 SOC 变异系数随采样密度的变化如图 6-4 所示。从 D_{14} 到 D_{525},水稻土和红壤 SOC 变异系数的变化范围分别为 30.8%~28.7%和 82.8%~63.9%,水稻土的 SOC 变异系数较小,红壤 SOC 变异系数要大得多,不管采样密度如何,红壤 SOC 变异系数均为水稻土的 2 倍多。这是由于红壤的成土母质类型繁多,海拔较高,坡度和坡向差异很大,存在不同的土壤侵蚀程度,加上土地利用方式和管理措施多样(江西省余江县土壤普查办公室,1986),而水稻土所处地形平坦,田块平整,种植作物较为单一,管理相对一致(Liu et al., 2006b; Wang et al., 2009),所以 SOC 含量差异很小。

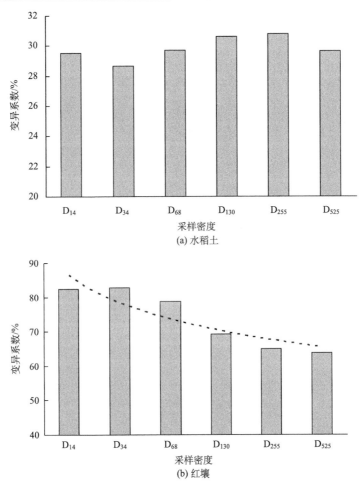

图 6-4 采样密度对揭示 SOC 空间变异性影响的土壤类型差异性

图 6-4 表明,水稻土 SOC 变异系数随采样密度的增加变化很小,并没有呈现出规律性的变化趋势,变异系数最大值(30.8%)和最小值(28.7%)相差仅 2 个百分点,变异很小。红壤 SOC 变异系数随采样密度增加呈现明显的降低趋势。D_{14} 时红壤 SOC 变异系数为 82.5%,而 D_{525} 时为 63.9%,即平均每 100 km^2 采样点由 1.5 个增加至 57 个时,SOC 变异系数降低了 18.6 个百分点。如果要使变异系数降低 1 个百分点,平均每 100 km^2 需增加约 3 个采样点,表明采样密度对揭示红壤 SOC 变异性有较大影响。

第二节　基于样点密度-有机碳变异关系的样点数量估算

一、不同采样密度下土壤有机碳空间变异性的分析方法

变异性表示获得 SOC 空间信息的不确定性大小，而变异系数是表征 SOC 含量空间变异特性的重要指标，其值越大则准确反映 SOC 空间信息所需的采样点数量越多，反之则所需采样点数量越少。本节设计 6 个采样密度来研究采样点数量或采样密度对揭示 SOC 空间变异性的影响，以及这种影响在土地利用方式间、土壤类型间的差异性。

首先，基于主要土地利用方式和主要土壤类型的全部采样点（n=525），通过不同大小的网格进行重采样，得到不同密度等级的样点分布。本节在重采样时选用的网格大小分别为 8 km × 8 km、4 km × 8 km、4 km × 4 km、2 km × 4 km 和 2 km × 2 km，其得到的采样点数量分别为 n = 14、34、68、130、255，加上所有样点数 n=525，共得到 6 个采样密度等级，分别用 D_{14}、D_{34}、D_{68}、D_{130}、D_{255} 和 D_{525} 表示。

其次，将各密度等级的土壤样品分别按土地利用和土壤类型进行分类，对比分析各土地利用和土壤类型 SOC 变异系数随密度等级的变化特征。各密度等级的采样点可以按土地利用方式分为水田、旱地和林地三种类型；按土壤类型分为水稻土和红壤两种类型。

为了研究本时段采样密度对未来若干年后采样点布设的影响，基于本时段 SOC 变异系数，通过公式（6-1）估算未来若干年后为揭示 SOC 变化所需的采样点数量（Conant and Paustian，2002）。

$$n^{1/2} = \sqrt{2} \times (Z_\alpha + Z_\beta) \times \text{CV} \times \mu / \Delta \quad (6\text{-}1)$$

式中，n 是未来若干年后重新采样时所需的采样点数；Δ 是本时段到未来若干年后 SOC 平均变化量；CV 和 μ 分别表示本时段采样点的 SOC 变异系数和均值；Z_α 和 Z_β 是由 Z 值表得到的临界值。

二、基于不同采样点密度的区域土壤有机碳变异特征

变异系数是表征 SOC 变异性的重要参数，在 SOC 研究中受到重视（Yan and Cai，2008）。在研究 SOC 变异性时，为分析不同区域 SOC 变异性的差异，通常需要比较不同区域的 SOC 变异系数（Davis et al.，2004；Guo et al.，2006），而不同采样密度的 SOC 变异系数分析表明（图 6-2），如果两区域的采样密度差异较大，可导致所揭示的 SOC 变异性较大，进而增加比较结果的不确定性。同理，为查明同一地区 SOC 变异性的时间序列演变而比较不同时期的 SOC 变异系数（Huang et al.，2007；Heim et al.，2009），若不同时期的采样密度差异较大，则得到的 SOC 演变规律的不确定性也较大。

三、采样点密度对未来区域样点数量预估的影响

土壤样品采集是研究 SOC 时空演变的重要环节,而本时段采样点的 SOC 变异性大小则是确定未来若干年后土壤采样时需要布设样点数量的重要依据(Yan and Cai, 2008)。如果若干年后需要通过野外采样获取 SOC 的演变信息,那么需要布设多少个采样点?根据公式(6-1)(Conant and Paustian, 2002; Heim et al., 2009)可知,本时段的 SOC 变异系数越大,未来采样时需布设的采样点数量则越多;反之所需布设的采样点数量就越少。以本时段采样密度中的 D_{14}、D_{68} 和 D_{525} 为例,基于其 SOC 变异系数,用公式(6-1)可计算得到未来采样点数量与可揭示 SOC 变化幅度之间的关系,如图 6-5 和图 6-6 所示。假定若干年后 SOC 变化幅度为 1.5 g/kg(即 525 个采样点 SOC 均值的 10%),基于 D_{14}、D_{68} 和 D_{525} 的 SOC 变异系数估算的采样点数分别为 604 个、500 个和 353 个($p<0.05$),存在很大差异,其中基于 D_{14} 变异系数估算的采样点数约为基于 D_{525} 变异系数估算结果的两倍。可见,采样密度通过影响其所揭示的 SOC 变异性,进而对未来土壤调查所需采样点数量的计算结果产生重要影响。根据精度要求和采样成本确定当前合适的采样密度,对未来采样点数量的估算结果具有现实意义。

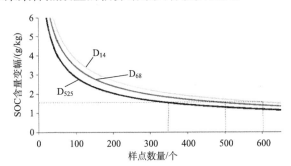

图 6-5 基于 D_{14}、D_{68} 和 D_{525} 变异系数计算的采样点数量与可揭示 SOC 变幅之间的量化关系($p<0.05$)

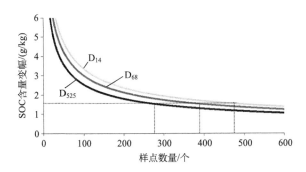

图 6-6 基于 D_{14}、D_{68} 和 D_{525} 变异系数估算的采样点数量与可揭示 SOC 变幅之间的量化关系($p<0.10$)

四、采样点密度对各土地利用及土壤类型样点数量估算的影响

中国南方红壤丘陵区土地利用和土壤类型复杂多变,成土因子的差异造成各类型间 SOC 变异性也不一致（Gong et al., 2009; Zhang et al., 2009b）。在未来野外调查时各土地利用或土壤类型应分别布设多少个采样点呢？以本时段的 D_{525} 和 D_{255} 两个密度等级为例,估算未来若干年后采样时各土地利用方式和土壤类型所需的采样点数量。在 D_{525} 等级时,其水田、旱地和林地的 SOC 变异系数分别为 28.7%、48.7%和 64.4%,水稻土和红壤的变异系数分别为 28.7%和 63.9%,假定若干年后各类型的 SOC 变化幅度均为 1.5 g/kg,基于本时段 SOC 变异系数和公式（6-1）可计算出水田、旱地和林地在未来采样时所需采样点数量分别应为 234 个、172 个和 707 个（$p<0.05$）,其比例应为 1∶0.74∶3.02,而按等间距的网格法实际的采样点数量分别为 294 个、152 个和 79 个,比例为 1∶0.52∶0.27（图 6-7）。水稻土和红壤所需采样点数分别应为 234 个和 768 个（$p<0.05$）,其采样点比例应为 1∶3.3,而按等间距的网格法实际采样数量分别为 294 个和 231 个,比例为 1∶0.79（图 6-7）。

在 D_{255} 时,其水田、旱地和林地的 SOC 含量变异系数分别为 30.7%、50.5%和 65.2%,水稻土和红壤 SOC 含量的变异系数分别为 30.8%和 65.0%,同样假定若干年后各类型 SOC 变化幅度均为 1.5 g/kg,基于本时段 SOC 变异系数和公式（6-1）可计算出水田、旱地和林地在未来采样时所需采样点数量应分别为 215 个、174 个和 716 个（$p < 0.05$）,其比例应为 1∶0.81∶3.33,而按等间距的网格法实际采样点数量分别为 115 个、87 个和 53 个,比例为 1∶0.74∶0.46（图 6-8）；水稻土和红壤所需采样点数应分别为 215 个和 417 个（$p < 0.05$）,其比例应为 1∶1.94,而按等间距的网格法实际采样点数量分别为 115 个和 140 个,比例为 1∶1.22（图 6-8）。

由图 6-7 和图 6-8 各土地利用类型或土壤类型的采样点比例来看,未来采样时所需的各土地利用类型和土壤类型的采样点数量显然与网格法的实际采样点数量存在较大差异,按等间距网格法采集的林地样点数量占总样点数量的比例明显偏少,而水田和旱地样点数量占总样点数量的比例则不同程度地偏高,其中水田偏高的程度较大。如在 D_{525} 中,水田采样点应占总采样点数量的 21%,旱地采样点占 16%,而林地由于 SOC 含量变异性强,其样点应占总样点数量的 63%,而网格法得到的三种土地利用方式的实际采样点数量分别占总样点数量的 56%、29%和 15%,林地样点数量仅约为所需数量的四分之一。同样,网格法得到的红壤样点占总样点数量的比例也不同程度的偏少,而水稻土样点则不同程度的偏高。仍以 D_{525} 为例,水稻土和红壤所需样点占总样点数量的比例应分别为 23%和 77%,而规则网格法得到的水稻土和红壤的实际样点占总样点数量的比例分别为 56%和

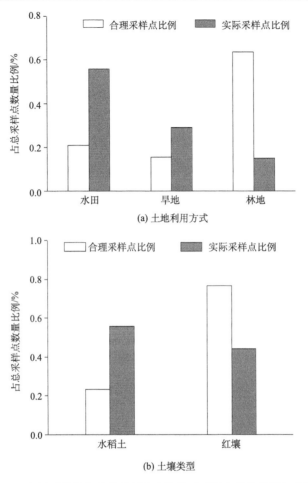

图 6-7 基于 D_{525} 变异系数的各土地利用和土壤类型采样点估算数量与实际采样点数量

44%。可见，网格法得到的水稻土样点数量明显偏多，而红壤采样点数量较所需采样点数量明显不足。由于在各采样密度旱地和林地 SOC 变异系数均为水田的 1.5 倍和 2 倍以上，红壤均为水稻土的 2 倍以上，所以各采样密度均可得到相似的结论。研究表明，在红壤丘陵区采用等间距的网格法采样，由于未考虑类型间 SOC 变异性的差异，往往对林地或红壤来说，采样点数量不足而增加揭示其 SOC 空间分布的不确定性；相反，对水田、旱地或者水稻土来说，采样点数量往往明显偏多而造成浪费，导致采样效率的降低。

以上研究表明，在中国南方红壤丘陵区进行土壤野外调查时，采样点密度对揭示 SOC 含量的空间变异性有着重要影响；SOC 变异系数随着采样密度的增加而降低，表明采样点数量越多，揭示 SOC 空间分布特征的不确定性越小。然而，采样密度对 SOC 空间变异性的影响，在不同土地利用方式和土壤类型间存在差

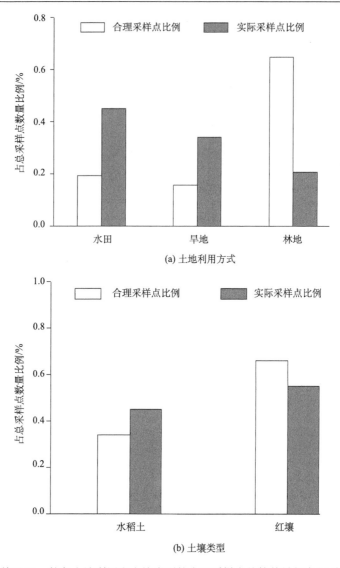

图 6-8 基于 D_{255} 的各土地利用和土壤类型的合理采样点估算数量与实际采样点数量

异。在各土地利用方式中,采样密度的变化对揭示水田 SOC 的变异影响较小,对揭示林地 SOC 变异性的影响较大;在不同的土壤类型中,采样密度对揭示水稻土 SOC 的变异性影响较小,而对揭示红壤 SOC 变异性的影响较大。在设计土壤采样计划时,应充分考虑各土地利用方式和土壤类型间 SOC 变异性的差异。一般来说,等间距的网格法布点因为会使某些土地利用方式或土壤类型采样点偏多而造成浪费,又使某些类型的采样点偏少,造成揭示 SOC 空间分布特征的不确定性较大。

第三节 本章小结

中国红壤区采样密度对揭示 SOC 变异性有重要影响,研究区 SOC 变异系数从 D_{14} 的 62.8%逐步降至 D_{525} 的 47.4%,水田(水稻土)变幅仅约 2 个百分点,而旱地和林地土壤的变幅分别约为 9 个百分点和 35 个百分点,红壤的变幅则接近 20 个百分点。基于本时段 D_{14}、D_{68} 和 D_{525} 的 SOC 变异系数,如果 SOC 变化幅度均为 1.5 g/kg,则未来采样时分别需要布设 604 个、500 个和 353 个采样点($p<0.05$)。各采样密度旱地和林地 SOC 变异系数均为水田的 1.5 倍和 2 倍以上,红壤均为水稻土的 2 倍以上。据 D_{525} 的各土地利用和土壤类型 SOC 变异系数,设定各类型 SOC 变化幅度均为 1.5 g/kg,未来采样时所需的水田、旱地和林地采样点数量比例应为 1∶0.74∶3.02($p<0.05$),水稻土和红壤所需采样点数量比例应为 1∶3.3,而按网格法的实际采样点数量比例分别为 1∶0.52∶0.27 和 1∶0.79。因此,采样密度对红壤丘陵区未来采样点数量的计算有重要影响;在该地区使用等间距的网格法采样,由于未考虑类型间变异性的差异,往往造成旱地和林地的采样点数量不足。

第七章 不同克里金方法对揭示区域土壤有机碳变异的影响

土壤是陆地生态系统的核心，SOC 是陆地生态系统中的一个动态组分，不但在水平和垂直方向上表现为不同的空间分布模式，而且与外部的大气圈和生物圈进行着交换。全球气候变化与 SOC 的空间分布模式密切相关，但建模过程中由于土壤采样点数量的限制而必须对未采样位置的土壤碳密度进行预测，通过空间预测可以确定任意空间位置的 SOC，从而实现 SOC 空间分布模式的定量表达，这也是全球气候变化建模的基础。同时，优化的点面拓展模型是高效揭示 SOC 空间分布的基础，如果点面拓展模型不适宜，即使利用高效采样布点模式和合理的采样密度，对 SOC 空间分异的揭示也会大打折扣。因此，如何在有限的采样点条件下获得 SOC 含量空间分布更为准确的预测，是一个值得深入探讨的问题。

克里金方法是目前 SOC 点面拓展时的最常用模型，然而有研究表明，克里金方法在不同地区的预测精度不同，特别是在地形复杂的地区，其预测精度通常不够理想。因此，许多学者通过不同的辅助变量与克里金相结合的方法，来提高其空间预测精度（赵永存等，2005）。然而，不同区域影响 SOC 含量的因子不同，其辅助变量的选择必然存在差异。由于土地利用方式和土壤类型与本研究区的 SOC 含量存在密切的联系，因此，本研究在余江县基于 2 km × 2 km 网格土壤采样点，将土地利用方式和土壤类型信息作为辅助变量，对 SOC 含量进行空间预测，并且与普通克里金方法的预测结果进行对比分析，以期获得一个更为准确的红壤丘陵区 SOC 含量的点面拓展模型。

第一节 土壤有机碳区域分布特征预测

一、不同克里金空间预测方法

（一）普通克里金（ordinary Kriging，OK）

地统计学是基于区域化变量理论基础的一种空间分析方法，目前已被广泛地应用于土壤属性的空间变异性研究。假设区域化变量满足内蕴假设（Goovaerts，1997），其半方差函数的计算可用下式表示：

$$\gamma(h) = \frac{1}{2N(h)} \sum_{i=1}^{N(h)} [z(x_i) - z(x_i + h)]^2 \tag{7-1}$$

式中，$\gamma(h)$ 为变异函数；h 为样点空间间隔距离，称为步长；$N(h)$ 为间隔距离为 h 的采样点数；$z(x_i)$ 和 $z(x_i + h)$ 分别是区域化变量 $z(x)$ 在空间位置 x_i 和 $x_i + h$ 的实测值。

普通克里金是通过空间相关的随机函数模型计算可获取变量的线性加权组合预测插值点数值，其估计公式为

$$Z^*(x_0) = \sum_{i=1}^{n} \lambda_i z(x_i) \tag{7-2}$$

式中，$Z^*(x_0)$ 是待估点 x_0 处的估计值；$z(x_i)$ 是实测值；λ_i 是分配给每个实测值的权重，$\sum_{i=1}^{n} \lambda_i = 1$；$n$ 是参与 x_0 点估值的实测值的数目。

（二）与类型信息结合的克里金方法

由于土壤类型和土地利用类型对 SOC 空间分布均有重要影响，可以将其作为提高土壤属性预测精度的辅助信息（Liu et al.，2006a）。由于土壤类型、土地利用类型、不同土地利用-土壤类型结合的克里金方法（KST、KLU 和 KLUST）在原理上是相同的，这里仅以土壤类型克里金方法为例阐明类型信息与克里金结合的方法。土壤类型是由土壤发生和土地利用过程综合作用形成的，相同土壤类型内通常有相近的土壤 SOC 含量，不同土壤类型间的 SOC 通常存在较大差异，尤其是在土壤类型复杂地区的 SOC 含量差异更加明显，这使 SOC 数据在空间上存在很大不稳定性，进而给 SOC 的空间预测带来较大的不确定性。为了降低这种不稳定性，KST 方法将每一个土壤样品的 SOC 含量值 $Z(x_{kj})$ 分为土壤类型均值 $\mu(t_k)$ 和残差 $r(x_{kj})$：

$$Z(x_{kj}) = \mu(t_k) + r(x_{kj}) \tag{7-3}$$

式中，x_{kj} 是样品 $Z(x_{kj})$ 所在的位置；t_k 为样品所属土壤类型，进而土壤样品的 SOC 含量值的方差 σ_z^2 被分为两个部分——类型间均值方差 σ_s^2 和类型内的残差方差 σ_r^2，用公式表示为

$$\sigma_z^2 = \sigma_s^2 + \sigma_r^2 \tag{7-4}$$

式中，均值方差反映的是土壤类型间 SOC 含量的变异性；而残差方差反映的是类型内部的变异性。

KST 方法将残差作为一个新的区域变量 $r(x_{kj})$ 进行 ordinary Kriging 插值，其变异函数 $\gamma_r(h)$ 及待估点 x_{kj} 预测公式分别为公式（7-5）和公式（7-6），各待估点

的 SOC 含量预测值 $Z^*(x_{kj})$ 为类型均值 $\mu(t_k)$ 与残差估计值 $r^*(x_{kj})$ 之和[公式 (7-7)]。

$$\gamma_r(h) = \frac{1}{2N(h)} \sum_{i=1}^{N(h)} [r(x_{kj}) - r(x_{kj}+h)] \qquad (7\text{-}5)$$

$$r^*(x_{kj}) = \sum_{k=1}^{n(j)} \sum_{j=1}^{m} \lambda_{kj} r(x_{kj}) \qquad (7\text{-}6)$$

$$Z^*(x_{kj}) = \mu(t_k) + r^*(x_{kj}) \qquad (7\text{-}7)$$

土地利用方式对 SOC 含量也存在重要影响，不同土地利用方式间的 SOC 含量存在较大差异。本节中的 KLU 方法是将所有采样点按土地利用类型进行分类，将每一个土壤样品的属性值 $Z(x_{kj})$ 分为两部分，即土地利用类型均值 $\mu(t_k)$ 和残差 $r(x_{kj})$，将其残差 $r(x_{kj})$ 作为一个新的变量进行普通克里金插值。同理，KLUST 方法是将土壤样品先按土地利用方式分类，每一利用方式下再按土壤类型分类。同样可以将每一个土壤样品的属性值 $Z(x_{kj})$ 分为土地利用方式下土壤类型均值 $\mu(t_k)$ 和残差 $r(x_{kj})$，然后可以将残差作为一个新的区域变量进行普通克里金插值。本研究中，KST 和 KLUST 方法均是在土属级别上对 SOC 含量进行的空间预测。1∶5 万土壤图来自于余江县第二次土壤普查资料，土地利用现状图（2006 年）来自于中国土地利用数据库。

（三）预测结果的检验

利用 85 个验证点的实测值与各预测方法预测值的相关系数 r 及其均方根误差（RMSE）来评价预测精度的高低。r 值越大、RMSE 越小则精度越高，反之精度越低。为查明验证点的误差分布情况，本研究对所有验证点的平均绝对误差（MAE）进行分段统计。其中 RMSE 和 MAE 的计算公式如下：

$$\text{RMSE} = \sqrt{\frac{1}{N} \sum (x_{oi} - x_{pi})^2} \qquad (7\text{-}8)$$

$$\text{MAE} = \frac{1}{N} \sum_{i=1}^{N} \text{ABS}(x_{oi} - x_{pi}) \qquad (7\text{-}9)$$

式中，N 为验证点数量；x_{oi} 是验证点 SOC 含量的实测值；x_{pi} 为 SOC 含量的预测值。

二、土壤有机碳描述性统计

本研究基于 2 km × 2 km 网格重采样，共获得 254 个预测样点（图 7-1），采样点 SOC 含量数据的描述性统计见表 7-1。所有样点的 SOC 含量平均值为 14.8 g/kg，在 254 个样点中，SOC 含量最小值和最大值分别为 3.1 g/kg 和 36.4 g/kg，后者约为前者的 12 倍。所有样点 SOC 含量的变异系数为 50.2%。

图 7-1 余江县土壤预测样点空间分布图

当所有样点按土属分类后，可以看出水稻土的 SOC 含量高于红壤，其中潜育型鳝泥田的 SOC 含量最高，含量达到 24.2 g/kg，而红黏土红壤的 SOC 含量仅为 7.7 g/kg，约为前者的三分之一。中国南方红壤丘陵区由于土壤类型复杂、土地利用方式多变，SOC 存在较强的空间变异性。研究表明，红壤区 SOC 含量（表 7-1）与土壤类型存在较强的相关性，如所有水稻土各土属的 SOC 含量均高于红壤各土属，这与 Liu 等（2006b）的研究相一致。对于水稻土来说，大量的植物残体进入土壤，且由于长期处于淹水条件下导致其分解速度缓慢，故各水稻土土属 SOC 含量明显高于红壤各土属。潜育型水稻土由于常年处于淹水状态，其 SOC 含量在水稻土中较高，其中潜育型鳝泥田在水稻土各土属中的 SOC 含量最高。相反，由于较少的有机质输入和较快的分解速率，红壤各土属的 SOC 含量通常较低。除了水稻土与红壤 SOC 含量具有较大的差异性外，水稻土和红壤内部各土属之间的 SOC 含量也存在差异。例如，红壤中 SOC 含量差异最大的两种土属为第四纪红黏土红壤与泥质岩红壤，其 SOC 含量分别为 7.7 g/kg 和 17.6 g/kg，前者主要分布在余江县中部地区的旱地类型区，而后者主要分布在北部和南部地区的林地类型区。然

表 7-1 各土壤类型、土地利用和土地利用-土壤类型的 SOC 含量统计

类型	土地利用	土壤类型			样点数	SOC 含量/（g/kg）				变异系数/%
		土类	亚类	土属		均值	最小值	最大值	标准差	
土壤类型		水稻土	潴育型	潮砂泥田	41	16.5	5.0	25.4	5.0	30.1
				红砂泥田	38	17.0	7.3	29.1	5.0	29.6
				黄泥田	4	19.9	17.5	21.9	2.0	10.1
				鳝泥田	24	20.8	11.3	34.2	6.0	28.7
			潜育型	红砂泥田	4	19.3	16.3	22.1	2.4	12.4
				鳝泥田	6	24.2	21.0	34.0	5.0	20.5
		红壤	红壤	红砂泥土	9	8.7	3.6	17.4	4.3	49.6
				红黏土红壤	5	7.7	3.8	12.6	3.2	41.4
				泥质岩红壤	44	17.6	3.3	36.4	9.2	52.4
				砂质岩红壤	79	9.4	3.1	29.4	5.2	55.4
土地利用	水田				118	18.3	5.0	34.2	5.5	30.2
	旱地				76	9.0	3.1	21.3	4.2	47.2
	林地				46	15.8	3.1	36.4	10.0	63.0
	菜地				7	16.3	9.5	24.2	5.4	33.0
	果园				7	10.7	5.2	21.1	5.9	55.0
土壤-土地利用	水田	水稻土	潴育型	潮砂泥田	41	16.5	5.0	25.4	5.0	30.1
				红砂泥田	38	17.0	7.3	29.1	5.0	29.6
				黄泥田	4	19.9	17.5	21.9	2.0	10.1
				鳝泥田	24	20.8	11.3	34.2	6.0	28.7
			潜育型	红砂泥田	4	19.3	16.3	22.1	2.4	12.4
				鳝泥田	6	24.2	21.0	34.0	5.0	20.5
	旱地	红壤	红壤	红砂泥土	9	8.7	3.6	17.4	4.3	49.6
				红黏土红壤	5	7.7	3.8	12.6	3.2	41.4
				泥质岩红壤	12	13.0	6.2	21.3	4.4	33.7
				砂质岩红壤	50	8.2	3.1	18.5	3.8	46.5
	林地	红壤	红壤	泥质岩红壤	30	19.4	3.3	36.4	10.2	52.4
				砂质岩红壤	16	9.0	3.1	21.0	4.7	51.5
	菜地	红壤	红壤	泥质岩红壤	3	16.5	11.3	24.2	6.9	41.7
				砂质岩红壤	4	16.2	9.5	22.0	5.2	31.9
	果园	红壤	红壤	砂质岩红壤	7	10.7	5.2	21.1	5.9	55.0
总体特征					254	14.8	3.1	36.4	7.4	50.2

而，从所有土属的 SOC 含量变异系数来看，红壤各土属 SOC 含量变异系数通常高于水稻土各土属，其中泥质岩红壤的变异系数最高，为 55.4%，而潴育型黄泥田

的变异系数最小,为 10.1%。变异系数的大小主要受土壤类型内的土地利用方式、成土母质的复杂程度及所处地形等原因的影响。由于红壤的土地利用方式、成土母质较复杂,多处在坡度较大的地方,且存在不同程度的水土流失,导致其 SOC 变异系数明显高于水稻土。

所有土壤采样点按土地利用类型可以分为水田、旱地、林地、菜地和果园五种,其 SOC 含量由高到低顺序为水田(18.3 g/kg)＞菜地(16.3 g/kg)＞林地(15.8 g/kg)＞果园(10.7 g/kg)＞旱地(9.0 g/kg)。五种土地利用方式中,林地的 SOC 含量变异系数最高,而水田 SOC 含量变异系数最小,两者分别为 63.0%和 30.2%,后者不及前者的二分之一。分析表明,SOC 含量与土地利用方式存在密切关系(表 7-1),这与很多学者的研究结果一致(Liu et al.,2006b;Wang et al.,2009)。土地利用方式对 SOC 含量的影响主要与土壤中有机质的输入和分解之间的平衡相关(Lal and Kimble,1997;Liu et al.,2006b)。一般来讲,水田、菜地、林地的有机质输入量较大,其 SOC 含量较高,而旱地和果园由于不是农业生产的主要利用类型,在当地农业生产中不受重视,施肥量及作物残体回田量较少,故其 SOC 含量较低。通过不同土壤类型和土地利用方式间的 SOC 含量比较发现,SOC 含量与土壤类型和土地利用类型均存在较密切的关系,说明土壤和土地利用的类型信息均可作为克里金方法的辅助信息来提高 SOC 含量空间预测的精度。

所有采样点先按土地利用方式进行分类,每种土地利用方式的采样点进一步按土壤类型进行分类,共得到 15 个土属。除水田各土壤土属类型具有较高的 SOC 含量外,旱地中的泥质岩红壤 SOC 含量(13.0 g/kg)也较高,而其他 3 个土属(红砂泥土、红黏土红壤和砂质岩红壤)的 SOC 含量均较低。林地土壤共包括 2 个土属,即泥质岩红壤和砂质岩红壤,两者的 SOC 含量差异明显。菜地土壤 2 个土属(泥质岩红壤和砂质岩红壤)SOC 含量差异较小。果园土壤仅包含 1 个土属(砂质岩红壤),其 SOC 含量较低,仅为 10.7 g/kg。

为了避免在计算变异函数过程中产生比例效应,抬高块金值和基台值,进而增大估计误差,通常要求数据需符合正态分布,对于非正态分布的数据需进行相应的转换,使其满足正态分布。在本研究中,对 SOC 含量的原始数据和去除土壤类型、土地利用类型和土地利用-土壤类型均值后的残差数据分别进行单样本 Kolmogorov-Smirnov 检验(即 K-S 检验),结果表明 SOC 原始数据及去除各类型均值后的残差数据均服从正态分布(图 7-2)。

三、土壤有机碳的地统计特征

地统计学是基于区域化变量理论基础的一种空间分析方法,目前已被广泛地应用于土壤属性的空间变异性研究(Goovaerts,1999;Kerry and Oliver,2004)。OK、KST、KLU 和 KLUST 四种方法的半方差函数及拟合参数见表 7-2 和图 7-3。

区域变量半方差函数的各参数均有其地统计学意义,并对变量的空间预测有着重要影响。通过去除土壤类型(土属等级)均值、土地利用方式均值及土地利用-土壤类型均值后,其相应残差的半方差函数与原始数据的半方差函数存在较大差异。SOC含量原始数据拟合模型符合指数模型,KST、KLU和KLUST方法中的相应残差数据的拟合模型符合球状模型。各方法拟合模型的参数均存在差异,原始数据的半方差函数有较高的Sill(C_0+C)、C/Sill和变程值,而其他三种方法相应残差的半方差函数的参数值逐渐降低。其中,KLUST方法的半方差函数的Sill和变程最小,而KLU和KST分别具有最小的C_0和C/Sill值。这是由于在去除类型均值后,其结构方差的比例大大降低,而随机方差的影响相对增加。

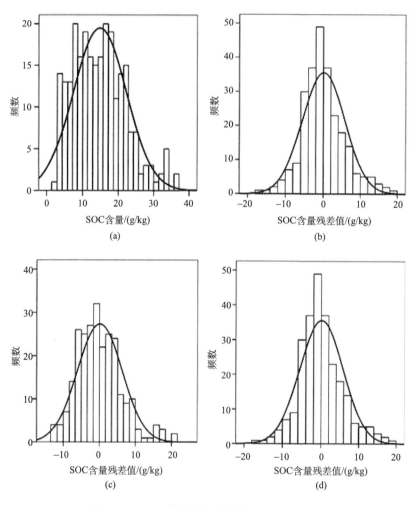

图7-2 SOC原始数据与残差数据的频度分布图

(a)为原始数据;(b)、(c)和(d)分别为去除土壤、土地利用和土地利用-土壤类型均值后的残差

表 7-2 SOC 含量数据和各残差的半方差函数及拟合参数

数据	分布类型	理论模型	C_0	C_0+C	$C/(C_0+C)$	变程/m	R^2
原始数据	正态	指数模型	0.365	0.879	0.585	6410	0.759
去土壤类型均值后的残差	正态	球状模型	0.325	0.729	0.554	4730	0.847
去土地利用均值后的残差	正态	球状模型	0.292	0.716	0.592	4800	0.620
去土地利用-土壤类型均值后的残差	正态	球状模型	0.303	0.711	0.574	4630	0.946

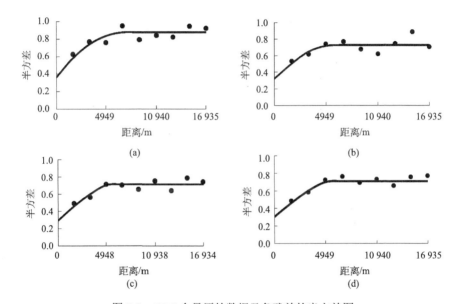

图 7-3 SOC 含量原始数据及各残差的半方差图
(a) 为原始数据；(b)、(c) 和 (d) 分别为去除土壤类型、土地利用方式和土地利用-土壤类型均值的数据

各半方差函数参数之间的变化表明，原始 SOC 含量数据在整个区域上是不稳定的，其中土壤和土地利用类型均值（局部趋势）(Liu et al.，2006a) 对 SOC 含量的变异性有较大贡献，同时也影响了克里金插值的空间预测精度。因此，在空间预测中应该充分考虑这些局部趋势对 SOC 空间插值的影响。KST、KLU 和 KLUST 经过去除不同的类型均值而不同程度地消除了局部趋势。

四、基于不同点面拓展模型的土壤有机碳空间分布特征

图 7-4 是 OK、KST、KLU 和 KLUST 四种插值方法得到的余江县 SOC 空间分布图，从图中可以看出，各插值图的 SOC 含量分布趋势基本一致，余江县北部地区和西南部山区 SOC 含量较高，而中部地区 SOC 含量较低。原因是余江县北

部地区和西南部山区是该县的林地分布区,其中北部山区是余江县的传统林区,以泥质岩红壤为主,土层发育深厚,茂密的森林有很厚的地表枯枝落叶层促使

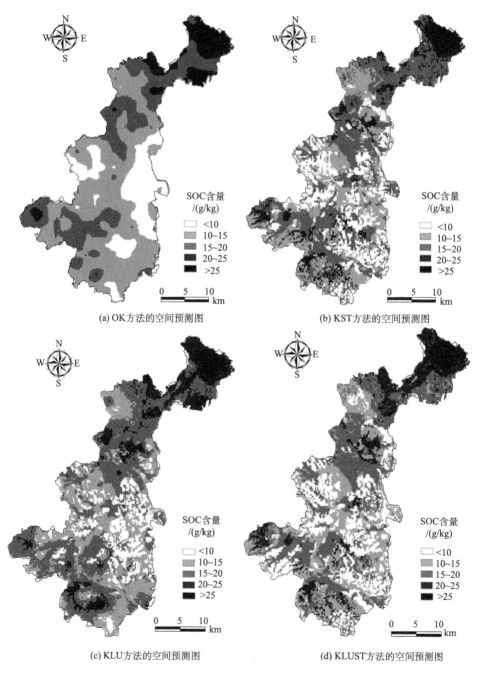

图 7-4 不同方法的 SOC 空间分布图

SOC 含量增加；在北部、西南部的山间沟谷及中部偏北地区多为水田，由于水稻生长过程中和收割后产生的植物残体较多，增加了 SOC 含量，使这些地区的 SOC 含量也较高；而该县中部是旱地的主要分布地区，由于旱地有机碳分解快、输入量较少（Lal and Kimble，1997；Liu et al.，2006b），且存在不同程度的水土流失，所以 SOC 含量较低。

尽管四种方法得到的 SOC 含量空间分布图有一定的相似之处，但在细部特征上存在较大差异（图 7-4），OK 方法得到的 SOC 分布图平滑效应最明显，其图斑较大且变化平缓，掩盖了土壤类型或土地利用类型间 SOC 含量的较大差异，仅能反映 SOC 空间分布的大致格局。而通过 KST、KLU 和 KLUST 方法得到的 SOC 分布图则图斑破碎，且多为突变，说明图中包含了更丰富的 SOC 空间分布信息，其 SOC 含量分布图斑分别与土壤类型、土地利用类型和土地利用-土壤类型图斑变化相一致。其中 KLUST 方法同时考虑了土壤类型和土地利用方式间的差异，得到的 SOC 分布图图斑多为突变，能更好地反映当地 SOC 的空间变异特点。KST 和 KLU 方法由于仅分别考虑了土壤类型和土地利用方式的差异，其预测得到的 SOC 分布图精度低于 KLUST 方法，但精度明显高于 OK 方法。可见，四种插值方法经过比较，OK 方法得到的 SOC 空间分布图最粗略，而 KLUST 方法得到的 SOC 空间分布图最为详尽。

第二节 不同克里金方法对土壤有机碳空间预测的不确定性

一、不同克里金方法的土壤有机碳区域预测的不确定性

本节选择验证样点集（$n=85$）来检验不同空间预测方法的预测精度，85 个验证样点分布如图 7-5 所示。

图 7-6 为不同预测方法得到的预测值与实测值的相关分析散点图，从中可以看出，各方法的实测值与预测值均达到了极显著相关水平（$p<0.01$）。其中 OK 方法的预测值和实测值的相关系数最小（$r=0.383$），KLUST 方法的相关系数最大（$r=0.854$），KST（$r=0.784$）和 KLU（$r=0.795$）方法的 r 值介于 OK 和 KLUST 方法之间。从四种方法的 SOC 预测值和实测值的 RMSE 来看，也是 OK 方法的 RMSE 最大，为 6.5 g/kg，KLUST 方法的 RMSE 最小，为 3.5 g/kg；KST 和 KLU 方法的 RMSE 分别为 4.2 g/kg 和 4.0 g/kg，介于 OK 和 KLUST 方法之间。相对于 OK 方法的 RMSE，KST、KLU 和 KLUST 的 RMSE 分别降低了 36%、39%、47%。

图 7-5　验证样点空间分布

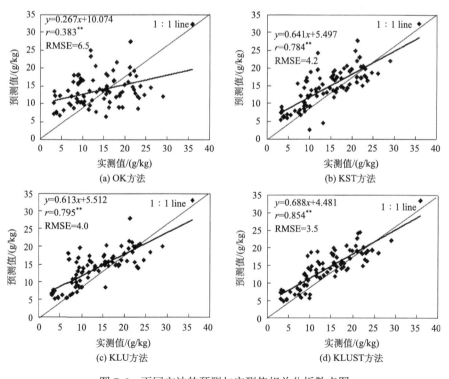

图 7-6　不同方法的预测与实测值相关分析散点图

各方法预测结果的对比表明,四种方法在预测上存在较明显的差异。从图 7-6 中可以看出,验证点预测值与实测值的相关系数从图 7-6(a)至图 7-6(d)逐渐升高,而相应的 RMSE 值逐渐降低,表明从 OK 方法到 KLUST 方法对 SOC 含量的空间预测精度逐步提高。在本研究中,OK 方法由于未考虑土壤类型和土地利用方式的 SOC 含量差异,SOC 原始数据存在较大的变异性,故该方法对未知样点的预测受平滑效应的影响最大,其预测结果的 SOC 含量值变化范围最小(Lark et al., 2006; Lark et al., 2006)。由于分别考虑了土壤类型间和土地利用方式间 SOC 含量的差异性,KST 和 KLU 方法受平滑效应的影响大幅降低,得到的 SOC 含量值的变化区间明显增加。而 KLUST 方法既考虑了土壤类型间的 SOC 差异,也考虑了土地利用方式间的差异,故其在空间预测时受平滑效应的影响最小,其预测得到的 SOC 含量值的变化范围最大。然而,由图 7-6(d)可以看出,KLUST 方法的预测值与实测值的相关系数为 0.854,表明在该方法中,依然存在一些 SOC 含量较高的待估点被低估和一些 SOC 含量较低的待估点被高估的现象。对于去除土地利用-土壤类型均值后的 SOC 残差数据,可一定程度上消除由于类型差异造成的变异性,但在进行克里格线性无偏估计时,也受到平滑效应的影响。可见,平滑效应在克里金进行空间预测插值时无法避免。

二、不同模型揭示各土地利用和土壤类型有机碳区域分布的不确定性

由于相关系数(r)和均方根误差(RMSE)反映是预测方法的整体误差情况,为更详细地了解各预测方法的误差分布情况,本小节对各土壤类型和各土地利用类型的 RMSE 进行比较分析。由于验证点的数量限制,不适合对每个土属等级进行分析,则选择土类等级进行比较。

水稻土和红壤两种土类的 RMSE 比较见图 7-7。从图中可以看出,所有预测方法对红壤预测的误差均明显大于水稻土。KST 方法得到的红壤 SOC 预测 RMSE 与水稻土 SOC 预测 RMSE 相差最大,分别为 4.8 g/kg 和 2.9 g/kg。OK 方法得到的红壤 SOC 预测 RMSE 与水稻土 SOC 预测 RMSE 相差最小,分别为 6.6 g/kg 和 6.2 g/kg。从对各土地利用方式的预测精度来看(图 7-8),除菜地外,OK 方法对其他各类型的预测误差也高于其他方法,其中对果园的预测误差最大。KLUST 方法除在果园类型的误差略大于 KST 外,对其他土地利用类型的预测误差均是最小的,其中优势最明显的是对菜地和旱地的预测。KST 和 KLU 两种方法在对各土地利用类型的估计上各有优劣,其中 KST 对水田、林地和果园的预测精度较高,而 KLU 对旱地和菜地的预测精度较高。

各土壤类型由于 SOC 含量及预测方法的不同导致预测精度有差异(图 7-7)。例如,红壤各土属的 SOC 含量变异系数普遍高于水稻土各土属,说明对红壤 SOC 空间预测的不确定性远大于水稻土,在实际采样中若要取得与水稻土同样的预测

精度，则红壤需要布设更多的采样点。Conant 和 Paustian（2002）也有相同的研究结果，认为某地区土壤采样点数量的确定受到土壤属性的变异系数的影响。同样，对于所有的土地利用方式（图 7-8），果园和林地的 SOC 变异系数均较高，即揭示其 SOC 空间分布的不确定性较大，所以对其空间预测的 RMSE 值较大。相反，水田和菜地土壤的 SOC 含量变异系数较小，对其 SOC 空间预测的误差 RMSE 值也较小。从各土壤类型和土地利用方式的 SOC 含量预测结果来看，KLUST 方法的预测精度均为最高，而 OK 方法的预测精度最低。

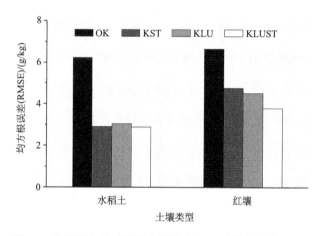

图 7-7　各预测方法对不同土壤类型 SOC 含量预测的 RMSE

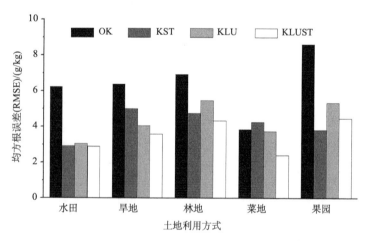

图 7-8　各预测方法对不同土地利用方式 SOC 含量预测的 RMSE

总之，通过对 OK、KST、KLU 和 KLUST 四种方法预测结果的对比，表明 KLUST 方法不仅在预测精度，而且在 SOC 空间分布图上均表现最好；相反，OK 方法的表现最差；KST 和 KLU 的表现介于 KLUST 和 OK 方法之间。研究结果也说明土壤类型和土地利用方式等类型信息可以作为克里金方法的辅助因子来提高 SOC 空间预测的精度。对于红壤丘陵区来讲,结合了土壤类型和土地利用方式信息的克里金方法是一种高效和现实的空间预测方法。

第三节 本章小结

中国红壤丘陵区 SOC 存在较强的空间变异性,准确预测其 SOC 的空间分布是一个值得研究的课题。由于该地区土壤类型复杂、土地利用多样,且各土壤类型和土地利用类型交错分布,采样点的 SOC 含量数值波动性较大,造成局部数据的不平稳,直接应用 OK 方法对 SOC 进行空间插值,则验证点的预测精度不高;而利用去除土壤类型均值、土地利用类型均值和土地利用-土壤类型均值后的残差进行克里格插值的 KST、KLU 方法由于分别消除了土壤类型、土地利用类型对 SOC 变异性的影响,所以均能较大幅度地提高空间预测精度。SOC 空间预测分布较 OK 方法的预测结果接近现实,同时也说明了该地区的土壤类型和土地利用类型对 SOC 的空间预测精度均有重要影响。KLUST 方法通过去除土地利用-土壤类型均值的残差进行 OK 插值,不仅消除了土地利用类型间 SOC 的差异,也消除了土壤类型间的差异,使数据的波动性进一步降低,预测精度进一步提高,SOC 空间预测分布更接近现实。故本研究认为 KLUST 方法是适合中国南方红壤丘陵区 SOC 变异特点的高效预测方法。

第八章　图斑连接法与克里金法揭示土壤有机碳变异的效率评价

上一章主要通过不同克里金方法对红壤丘陵区 SOC 含量空间预测精度的对比，分析不同克里金方法对揭示红壤区 SOC 变异性的效率高低，得出了不同的克里金方法预测 SOC 变异性的精度存在较大差异，并指出了高效获取南方红壤区 SOC 变异性的较优方法。然而需要指出的是，近些年来在获得区域 SOC 变异性或模拟区域 SOC 演变时，图斑连接也是被学者经常使用的点面拓展方法，但图斑连接方法和克里金方法在红壤丘陵区揭示 SOC 变异性的对比研究中还少有提及。因此，本章将通过不同图斑连接方法和不同克里金方法对红壤区 SOC 含量进行空间拓展，进而通过验证样点对各图斑连接方法和克里金方法预测 SOC 变异性的不确定性进行评价，以便为土壤学者高效揭示红壤区 SOC 空间变异性提供参考。

第一节　图斑连接法与普通克里金法揭示土壤有机碳变异性的效率对比

一、土壤采样点的选择

本研究所有采样点分为两部分：一部分是空间预测样点，通过规则网格（1 km×1 km）进行采样，共采集土壤样品 129 个用于 SOC 的空间预测（图 8-1），其中水稻土、潮土和红壤三种土壤类型的采样点数分别为 83 个、5 个和 41 个；水田、旱地和林地三种土地利用方式的采样点数量分别为 68 个、45 个和 16 个。另一部分为研究区内随机、均匀布设的 65 个验证样点，用来评价不同点面拓展方法的空间预测精度，其中包含了预测样点中的主要土壤类型和土地利用方式。土壤有机质用重铬酸钾（$K_2Cr_2O_7$）氧化-滴定法测定，有机质含量乘以 0.58（Bemmelen 转换系数）得到 SOC 含量。

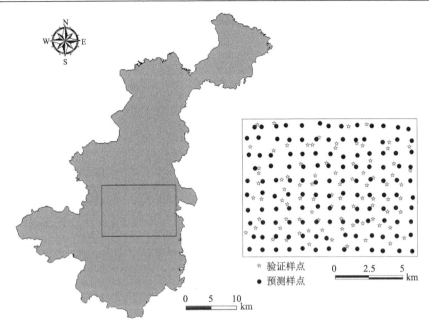

图 8-1 土壤采样点空间分布图

二、克里金和图斑连接方法

本研究共使用四种点面拓展方法,包括普通克里金方法、采样点与土壤图斑连接方法、采样点与土地利用图斑连接方法,以及采样点与土壤-土地利用复合图斑连接方法。

普通克里金(OK)是基于区域化变量理论,以变异函数理论和结构分析为基础,在有限区域内对区域化变量进行无偏最优估计的一种方法,其原理和方法在相关文献中均有详细描述(史舟和李艳,2006;Chai et al., 2008)。图斑连接方法(PKB)是基于地学和土壤学专业知识,将土壤采样点属性数据和相应图斑相连接,从而获得区域土壤属性空间分布的特征(Shi et al., 2006)。本小节选择土壤采样点数据与土壤图斑、土地利用图斑及土壤-土地利用复合图斑三种连接方式,分别记为 PST、PLU 和 PSTLU。以 PST 为例,采样点 SOC 含量值与土壤图斑连接时,若该土壤图斑里有一个采样点,则用此采样点的 SOC 含量值赋予该图斑;若土壤图斑内有两个或多个采样点,则用这些采样点的均值赋予该图斑;若该图斑中无采样点,则根据距离相近相似原理,使用距离该图斑最近的同类型采样点的 SOC 含量值赋予该图斑(图 8-2)。在使用 PST 连接时,土壤类型考虑土壤亚类等级。PLU 方法的原理与 PST 方法原理相同,而 PSTLU 是在将土壤图和土地利用图叠加生成新的土壤-土地利用复合图斑的基础上,将样点 SOC 数据与相应的土壤-土地利用图斑相连接,连接原理同 PST 方法。

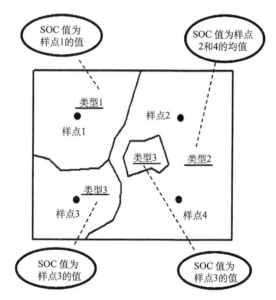

图 8-2　土壤采样点 SOC 含量数据与图斑连接示意图(以 PST 方法为例)

通过研究区 65 个验证样点的预测值和实测值散点图回归方程的决定系数(R^2)及其均方根误差(RMSE)来评价各点面拓展方法获得 SOC 空间变异信息的不确定性大小。其中 R^2 值越大、RMSE 越小,则预测精度越高,反之预测精度越低。

三、土壤有机碳的统计分析

由预测样点 SOC 含量的描述性统计(表 8-1)可以看出,全部样点 SOC 含量变化范围为 2.58～26.15 g/kg,均值为 12.05 g/kg,低于中国东北黑土区,而略高于中国东部地区的 SOC 含量(许泉等,2006)。采样点的 SOC 含量变异系数为 0.47,属于中等变异程度。从土壤类型来看,水稻土各亚类的 SOC 含量均大幅高于红壤亚类,其中潜育型水稻土的有机碳含量最高,其次是潴育型水稻土,两者的 SOC 含量分别为 16.22 g/kg 和 15.02 g/kg,淹育型水稻土的有机碳含量低于前两者,为 12.93 g/kg,而红壤最低,为 6.89 g/kg,不足潜育型和潴育型水稻土 SOC 含量的二分之一。从土地利用方式来看,水田的 SOC 含量最高,为 15.69 g/kg,而旱地的 SOC 含量仅为 6.50 g/kg,不足前者的一半,林地的 SOC 含量(12.20 g/kg)处在水田和旱地之间。从各类型 SOC 含量的变异系数来看,三种土壤类型中红壤的变异系数最高(0.55),潴育型水稻土的变异系数最低(0.29),两种土地利用方式中林地的变异系数(0.46)大幅高于水田(0.27)。

表 8-1 研究区 SOC 含量的描述性统计

分类		样点数量	SOC 含量/(g/kg)				变异系数
			最小值	最大值	均值	标准差	
土壤类型	淹育型水稻土	4	7.39	16.44	12.93	3.91	0.30
	潴育型水稻土	72	3.13	26.15	15.02	4.42	0.29
	潜育型水稻土	6	3.47	25.52	16.22	5.70	0.35
	红壤	47	2.58	14.36	6.89	3.82	0.55
土地利用方式	水田	68	4.40	26.15	15.69	4.21	0.27
	旱地	45	2.58	13.35	6.50	2.61	0.40
	林地	16	3.47	18.91	12.20	5.62	0.46
总体		129	2.58	26.15	12.05	5.66	0.47

各土壤类型和土地利用方式的 SOC 含量的方差分析结果如表 8-2 所示。土壤类型和土地利用方式对 SOC 含量的影响均达到极显著水平（$p<0.01$），说明土壤类型和土地利用方式对红壤丘陵区 SOC 含量的空间变异有着重要影响，要准确获得该区域 SOC 含量的空间分布特征，土壤类型和土地利用方式的影响不可忽视。

表 8-2 不同土壤类型和土地利用方式 SOC 含量的方差分析

分类	方差来源	自由度	偏差平方和	均方	F 值
土壤类型	组间	1948.1	2	974.1	57.2**
	组内	2146.6	126	17.0	
	总和	4094.7	128		
土地利用方式	组间	2499.1	2	1249.6	98.7**
	组内	1595.5	126	12.7	
	总和	4094.6	128		

** 表示 $p<0.01$。

研究区 SOC 含量数据的半方差函数及拟合模型的相关参数见图 8-3。其最优拟合模型为指数模型，半方差函数的块金值（C_0）为 0.345，基台值（Sill）为 1.029，块基比值（C_0/Sill）为 0.36。块基比值表示由随机部分引起的空间变异占系统总变异的比例。若该比值较高，则说明由随机部分引起的空间变异性程度较大；相反，则由空间自相关部分引起的空间变异性程度较大。通常来讲，比值小于 0.25，说明区域化变量具有强烈的空间相关性；比值在 0.25~0.75，说明其空间相关性为中等；比值大于 0.75，则说明变量空间相关性很弱（龙军等，2014）。从块基比值来看，研究区 SOC 数据具有中等程度的空间自相关性。该理论模型的变程为 2520 m，说明在此距离范围内土壤采样点具有空间相关性。本研究中的采样点间距为 1000 m，完全能满足揭示 SOC 空间变异的需要。

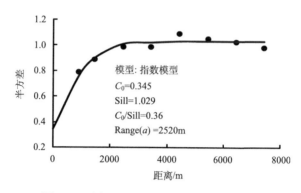

图 8-3 研究区 SOC 含量数据的半方差函数

四、基于不同点面拓展方法的 SOC 空间分布

通过 OK、PST、PLU 和 PSTLU 得到的 SOC 含量的空间分布图如图 8-4 所示。可以看出，不同方法得到的 SOC 含量空间分布格局有一定的相似性，即 SOC 含量的分布均表现为东部和西南部地区较高，而中南部地区 SOC 含量相对较低。整体上看，OK、PST、PLU 和 PSTLU 方法均能得到研究区 SOC 分布的大致格局。但从局部来看，不同的方法得到的 SOC 含量空间分布图存在较大差异。OK 方法得到的 SOC 分布图斑面积较大且分布变化平滑，与研究区各土壤类型和土地利用方式交错分布的区域特点不符，表明 OK 方法的平滑效应导致其插值结果仅能体现研究区 SOC 含量分布的大致趋势，不能高效地反映研究区的真实状况。由于 PST 和 PLU 方法分别考虑了土壤类型、土地利用方式之间的 SOC 含量差异，PSTLU 则综合考虑了土壤-土地利用方式对 SOC 含量的影响，因此这三种方法得到的 SOC 含量分布图分别与研究区实际的土壤图斑、土地利用图斑及土壤-土地利用图斑的分布相一致。其中，SOC 含量较高的区域主要是水稻土或水田的集中分布区，而含量较低区域主要是红壤或旱地的集中分布区。水稻土和水田的 SOC 含量较高是因为该土壤类型和土地利用类型的农业产出效应高于红壤或旱地类型，农业投入也相对较多，加上长期淹水条件使 SOC 分解速度降低，利于 SOC 的积累（李忠佩等，2015）。而红壤和旱地由于农业收益相对较差，农户重视程度不够，农业投入少，加上部分地区存在水土流失的问题，导致其 SOC 含量整体偏低（Yu et al.，2013；杨文等，2015）。考虑到中国南方红壤丘陵区具有地形复杂、土壤类型和土地利用方式多变的特点，各种土壤类型和土地利用方式的 SOC 含量存在较大差异，可知 PST、PLU 和 PSTLU 方法得到的 SOC 含量图均能较好地反映研究区 SOC 含量的真实分布特点，有较好的适用性；而 OK 方法得到的 SOC

含量分布图与该地区的真实状况有较大差距，适用性较差。

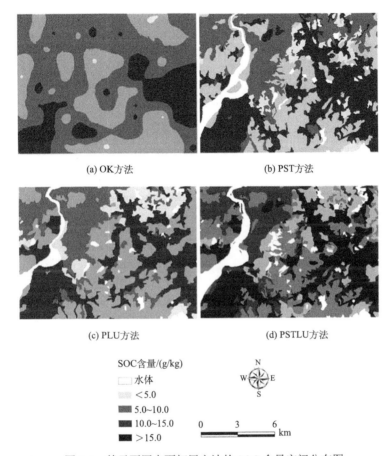

图 8-4　基于不同点面拓展方法的 SOC 含量空间分布图

五、不同点面拓展方法的不确定性评价

基于各点面拓展方法得到的验证点（$n=65$）SOC 预测值与实测值的散点分布如图 8-5 所示。各方法的散点回归方程的斜率及相关系数有较大不同，其中 PSTLU 方法的斜率和相关系数均为最大，其相关系数达到 0.762；其次是 PLU 和 PST 方法，相关系数分别为 0.731 和 0.654；而 OK 方法的斜率和相关系数最低，其相关系数仅为 0.167，远低于图斑连接的三种方法。可见 PSTLU 方法对 SOC 含量的空间预测精度最高，PLU 和 PST 方法次之，而 OK 方法的预测精度最差。

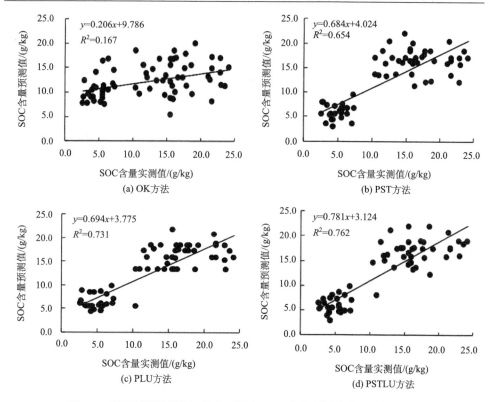

图 8-5　不同图斑连接方法的验证样点 SOC 含量预测和实测值散点图

各点面拓展方法得到的预测误差（RMSE）对比如图 8-6 所示，RMSE 值反映的各方法预测误差大小和散点图相关系数对比结果（图 8-5）具有一致性。其中预测误差最小的为 PSTLU 方法，其 RMSE 值仅为 3.11 g/kg；其次是 PLU 和 PST 方法，RMSE 值分别为 3.29 g/kg 和 3.91 g/kg；而 OK 方法的预测误差最大，RMSE 值为 6.09 g/kg，预测误差分别较前三种方法增加了 95.8%、85.1%和 55.8%。结果表明，基于土壤学和地学知识的图斑连接方法在红壤丘陵区较当前流行的克里金法能更好地揭示区域 SOC 空间变异性，该传统的点面拓展方法在揭示红壤区 SOC 变异性依然具有较好的适用性。进行图斑连接时，连接土壤图斑（PST）和土地利用图斑（PLU）均能较克里金方法大幅提高预测精度，但连接土地利用图斑的预测精度优于土壤图斑，表明土地利用方式对红壤区 SOC 分布的影响大于土壤类型，和表 8-2 中的分析结果相一致。这也说明近些年来，人类活动对土壤属性的影响大为增强，特别是不同利用方式间施肥、秸秆还田等农业措施的差异，造成不同利用方式的 SOC 含量差异显著。由于土地利用方式和土壤类型对 SOC 分布均有重要影响，因此综合考虑土壤类型和土地利用方式的 PSTLU 方法的预测精度较 PST 和 PLU 方法进一步提高。

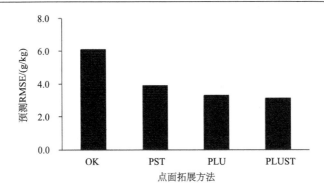

图 8-6 不同图斑连接方法的验证样点预测 RMSE

六、不同点面拓展方法对揭示区域 SOC 空间性的影响

不同区域的 SOC 空间分布特征存在差异，中国南方红壤丘陵区地形复杂，土壤类型和土地利用方式多变，各土壤类型和各土地利用方式间的自然条件和人为管理措施存在较大差异，导致各类型间的 SOC 含量差异明显。在揭示区域 SOC 空间变异性时，近些年广泛使用的克里金方法尽管可以体现土壤属性的渐变特点，但其固有的属性-平滑效应一直无法避免。通常来讲，克里金方法在 SOC 变异性不强的区域（如地形较为单一、管理措施较为一致的地区）展现出较好的预测效果；而在地形复杂区或管理措施多样的区域，较强的 SOC 差异性将放大其平滑效应，即预测时使 SOC 含量较高的待估点值被大幅拉低，或 SOC 含量较低的待估点值被大幅拉高，进而增加空间预测结果的不确定性。因此，若使用克里金方法在地形复杂区域揭示包括 SOC 在内的某些土壤属性的空间变异特征，需要对其进行必要的改进，以提高预测精度。值得注意的是，逐渐被学者忽略的图斑连接方法，由于充分考虑了土壤类型、土地利用方式等之间 SOC 含量的实际差异，遵循了土壤学和地理学的基本规律，充分反映了区域 SOC 空间差异特点，进而得到了较好的空间预测效果。因此，在未获得衍生的高效克里金方法的前提下，图斑连接方法依然是揭示南方红壤区 SOC 空间变异性的较优选择。

第二节 图斑连接法与多种克里金法和揭示区域土壤有机碳变异性的效率对比

一、土壤采样点数据

本研究土壤采样区域包括两部分：A_1 和 A_2（图 8-7），面积分别为 140 km²

和 40 km²。其中 A_1 区域内采用 1 km × 1 km 规则网格采样，共采集土壤样品 129 个用于土壤有机碳的空间预测，其中水稻土、潮土和红壤类型分别为 83 个、5 个和 41 个；水田、旱地和林地分别为 68 个、45 个和 16 个。A_2 区域（位于 A_1 内部）内采用 0.5 km × 0.5 km 规则网格采样，共采集用于空间预测的土壤样品 149 个，其中水稻土、潮土和红壤类型分别为 88 个、6 个和 55 个；水田、旱地和林地分别为 75 个、54 个和 20 个。预测样点采集时，为了验证各空间预测方法的不确定性大小，在区域 A_1 和 A_2 范围内分别随机、均匀地采集验证样点 80 个和 53 个来评价各方法的预测精度，验证样点亦包括各种主要土壤类型和土地利用方式。

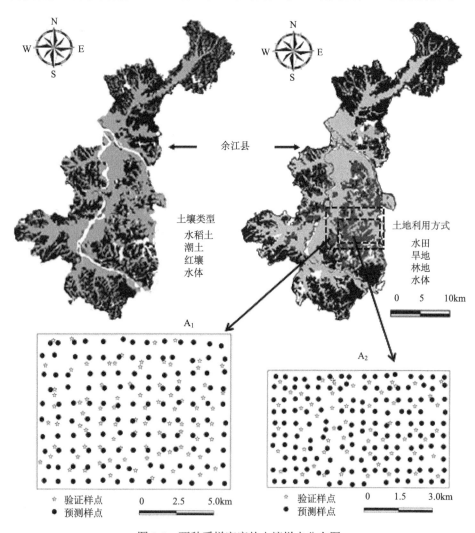

图 8-7 两种采样密度的土壤样点分布图

所有土壤样品均在 2007 年 11 月农作物收割完成后采集。土壤有机质用重铬酸钾（$K_2Cr_2O_7$）氧化-滴定法测定（鲁如坤，2000），有机质含量乘以 0.58（Bemmelen 转换系数）得到 SOC 含量。

二、空间点面拓展方法及不确定性评价

本研究使用多种方法对土壤有机碳进行空间预测，包括传统的图斑连接方法和基于地统计学的克里金方法。

首先，图斑连接方法包括了土壤采样点的属性值与土壤图斑的连接（PST）、属性值与土地利用图斑的连接（PLU）及属性值与所在采样网格的连接（PGR）。在采样点与土壤图斑连接时，若该土壤图斑里有一个采样点，则用此样点有机碳含量值赋予该图斑；若土壤图斑内有两个或多个采样点，则用这些样点的均值赋予该图斑；若该图斑中无采样点，则根据距离相近相似原理，使用距离该图斑最近的同类型采样点的含量值赋予该图斑（图 8-2）。在采样点 SOC 含量值与土地利用图斑相连时，原理与 PST 方法相同。而在采样点与采样网格连接时，将每个网格内的样点有机碳含量值赋予该网格，极少数无采样点的网格则使用与其相邻网格的所有采样点（$n \leqslant 8$）的均值赋予该网格。

其次，在地统计学方法中，本研究将使用普通克里金（OK）方法、结合土壤类型信息的克里金（KST）方法和结合土地利用信息的克里金（KLU）方法进行空间预测。关于 OK 和 KST 和 KLU 方法的原理及计算公式参见第七章相关内容介绍。

各方法预测结果的不确定性大小分别通过研究区 A_1 和 A_2 内的 80 个和 53 个验证样点进行评价。首先将实测值和预测值的散点图的回归系数（r）进行比较，其次是将验证样点预测值和实测值的均方根误差（RMSE）和平均绝对误差（MAE）进行对比。其中，r 值越大、RMSE 和 MAE 值越小，则预测精度越高，反之精度越低。

三、两研究区土壤有机碳含量的统计分析

两研究区土壤采样点的有机碳含量的描述性统计见表 8-3。从全部土壤采样点来看，A_1 和 A_2 区域的土壤有机碳含量变化范围较为相似，分别为 2.58～26.15 g/kg 和 2.41～24.15 g/kg，A_1 区域含量均值（12.05 g/kg）略高于 A_2 区域（11.81 g/kg），低于中国东北黑土区，而略高于中国东部地区的 SOC 含量（Qiu et al.，2009）。两区域的有机碳含量变异系数接近，分别为 0.47 和 0.48，均属于中等变异程度。从土壤类型来看，两区域水稻土有机碳含量均为最高，分别为 14.88 g/kg 和 15.74 g/kg；而红壤含量最低，分别为 6.72 g/kg 和 5.89 g/kg，前者为后者的 2 倍以上；潮土含量处在水稻土和红壤之间。各土壤类型中，两区域红壤的有机碳含量变异

系数最高（0.41 和 0.43），水稻土变异系数最低（0.32 和 0.30），潮土居于两类型之间。从土地利用类型来看，水田含量最高，分别为 15.69 g/kg 和 16.12 g/kg，而旱地的含量仅为 6.50 g/kg 和 5.24 g/kg，后者仅为前者的 1/3～1/2；林地含量均处在水田和旱地之间。各土地利用方式中，旱地的变异系数最高（0.40 和 0.34），水田的变异系数最小（0.27 和 0.28），林地居于两者之间。两区域全部样点 SOC 含量均符合正态分布。

表 8-3 采样点土壤有机碳含量描述性统计

区域	采样网格	土地利用	土壤类型	样点数量	有机碳含量/ (g/kg)				变异系数	偏态系数	峰度系数
					最小值	最大值	均值	标准差			
A_1	1km × 1km	水田		68	4.40	26.15	15.69	4.21	0.27		
		旱地		45	2.58	13.35	6.50	2.61	0.40		
		林地		16	3.47	18.91	12.20	4.62	0.38		
			水稻土	83	3.13	26.15	14.88	4.78	0.32		
			潮土	5	4.58	13.35	8.84	3.25	0.37		
			红壤	41	2.58	14.36	6.72	2.72	0.41		
	总体			129	2.58	26.15	12.05	5.66	0.47	0.12	−0.91
A_2	0.5km × 0.5km	水田		75	5.45	24.15	16.12	4.50	0.28		
		旱地		54	2.41	11.23	5.24	1.79	0.34		
		林地		20	5.20	21.62	13.38	4.34	0.32		
			水稻土	88	3.87	24.15	15.74	4.77	0.30		
			潮土	6	5.89	12.62	8.44	2.77	0.33		
			红壤	55	2.41	14.66	5.89	2.46	0.43		
	总体			149	2.41	24.15	11.81	5.68	0.48	0.17	−1.36

统计结果表明，不同土壤类型和土地利用方式间有机碳含量存在较大差异，可见土壤类型和土地利用方式对土壤有机碳的含量的影响不容忽视。方差分析表明 A_1 和 A_2 两区域土壤类型和土地利用方式对土壤有机碳含量的影响均达到显著水平（表 8-4），其中土地利用方式间的方差均大于土壤类型间的数值，而同一土地利用方式内的方差均小于土壤类型内的方差，这表明土地利用方式对土壤有机碳的影响大于土壤类型。

A_1 和 A_2 区域 OC 原始数据及去除土壤类型和土地利用方式均值后残差的半方差函数及其拟合参数见表 8-5。A_1 区域 OK、KST 和 KLU 方法相应的半方差函数最优拟合模型分别为指数、指数和球状模型，而 A_2 区域分别为球状、指数和球状模型。各拟合模型的偏基台值与基台值之比[C/Sill]的变化范围从 0.554～0.709，均为中等强度空间自相关（Liu et al.，2006a）。但对比可以发现，去除土壤类型和土地利用方式均值后的 SOC 残差数据的基台值（Sill）均低于 SOC 原始数据的相应值，这说明在去除各类型均值后的 SOC 残差数据在区域上较 SOC 原始数据的波动性降低，从而利于 SOC 的克里金空间预测。同时，残差数据的拟合函数块金值与 SOC 原始数据相比均有所升高，且自相关距离均有所减小，这主要是由于经过去除各类型均值后，由不同土壤类型和土地利用方式造成的结构性方差降低，而局部随机因素的影响相对增加所致。

表 8-4　各土壤和土地利用方式 SOC 含量的方差分析

区域	采样网格	类型	方差来源	自由度	偏差平方和	均方	F 值
A_1	1km × 1km	土壤类型	组间	1948.1	2	974.1	57.2**
			组内	2146.6	126	17.0	
			总和	4094.7	128		
		土地利用方式	组间	2499.1	2	1249.6	98.7**
			组内	1595.5	126	12.7	
			总和	4094.7	128		
A_2	0.5km × 0.5km	土壤类型	组间	3578.9	2	1789.5	117.4**
			组内	2225.7	146	15.2	
			总和	5804.6	148		
		土地利用方式	组间	3849.9	2	1925.0	143.8**
			组内	1954.7	146	13.4	
			总和	5804.6	148		

**为 $p < 0.01$。

表 8-5　土壤有机碳原始数据和残差的半方差函数及其拟合参数

区域	采样网格	方法	分布特征	拟合模型	C_0	Sill	C/Sill	变程/m	R^2
A_1	1km × 1km	OK	正态	指数函数	0.345	1.029	0.665	2520	0.871
		KST	正态	指数函数	0.29	0.995	0.709	1680	0.696
		KLU	正态	球状函数	0.309	0.962	0.679	1490	0.745
A_2	0.5km × 0.5km	OK	正态	球状函数	0.471	1.055	0.554	1930	0.939
		KST	正态	指数函数	0.378	1.033	0.634	1890	0.814
		KLU	正态	球状函数	0.444	1.039	0.573	1780	0.911

四、基于不同方法的土壤有机碳空间分布

基于不同图斑连接方法和不同克里金方法获得的两个研究区 SOC 含量空间分布特征如图 8-8 和图 8-9 所示。

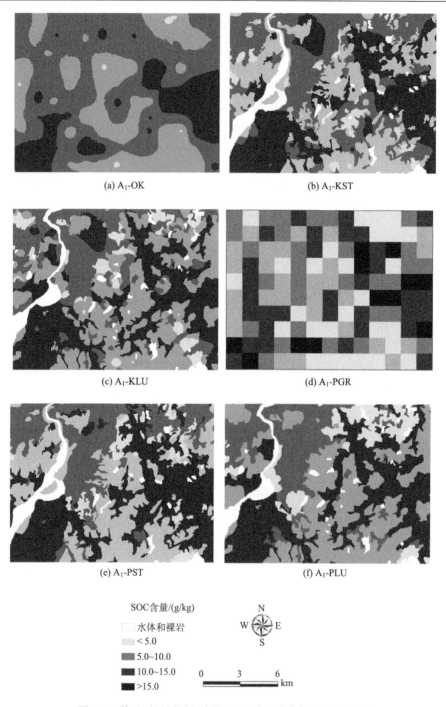

图 8-8 基于不同预测方法的 A_1 区域土壤有机碳空间分布

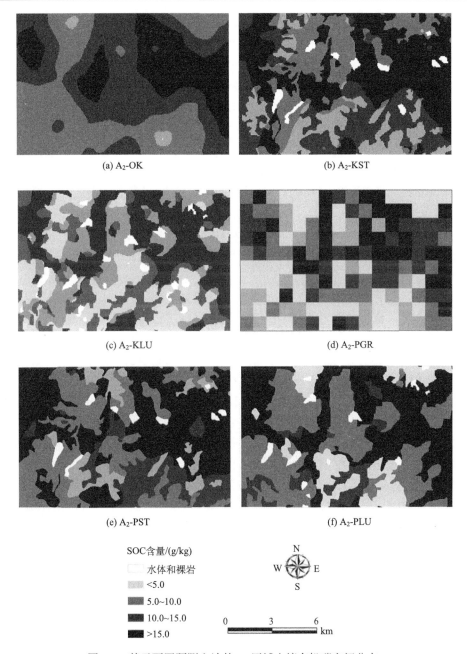

图 8-9 基于不同预测方法的 A_2 区域土壤有机碳空间分布

从图中可以看出，A_1 区域 SOC 分布均呈现东南部局部地区和西南部地区含量较高，中南部地区 SOC 含量相对较低；A_2 区域 SOC 分布格局的中东部地区和西北部地区含量较高，而南部地区 SOC 含量较低。两区域中 SOC 含量较高的区域主要是水田的集中分布区域,而较低的区域主要是旱地的集中分布区域。从整体上看,相同区域上不同预测方法得到的 SOC 空间分布格局有一定的相似性,但从局部细节来看,OK 方法得到的 SOC 分布图图斑较大且变化平缓。PGR 方法得到的 SOC 分布图呈现以方格为单元和锯齿状变化。而 KST 和 KLU 得到的分布图变化较为复杂,其变化趋势分别与红壤丘陵区的土壤类型和土地利用方式分布相吻合。由于点面拓展方法和原理不同,PST 和 PLU 得到的分布图与 KST 和 KLU 方法的结果存在一定差异,但其 SOC 的变化趋势也分别与土壤类型和土地利用方式的变化较为一致。考虑到中国南方红壤丘陵区地形复杂、土壤类型和土地利用方式多变的特点,各种土壤类型和土地利用方式的 SOC 含量存在较大差异,可知 OK 和 PGR 方法得到的 SOC 分布图与该地区现在的情况有较大差距,而 KST、KLU、PST 和 PLU 方法得到的分布图与土壤类型或土地利用方式分布较为一致,较好地反映了研究区 SOC 的真实分布特点,与区域土壤有机碳的空间分布规律更为接近。

五、不同预测方法的精度对比

两研究区验证点（$n=80$ 和 $n=53$）的 SOC 预测值和实测值散点图如图 8-10 和图 8-11 所示。发现各种方法散点回归方程的斜率及决定系数有较大不同。在 A_1 研究区各预测方法中,KLU 方法的斜率和相关系数均为最大,其中决定系数达到 0.752,其次是 PLU 方法,相关系数为 0.731；而 OK 方法和 PGR 方法的斜率和决定系数均较低,R^2 分别为 0.167 和 0.082,基于 KST 和 PST 方法的散点图决定系数小于 KLU 和 PLU,但远高于 OK 和 PGR 方法。可见在 A_1 研究区中,KLU 方法的 SOC 预测精度最高,其次是 PLU、KST 和 PST 方法,精度最低是 OK 和 PGR 方法,其中 PGR 方法的准确性最差。在 A_2 区域,KLU 方法的斜率和决定系数（$R^2=0.774$）最大,而 PLU 方法的决定系数（$R^2=0.753$）略低于前者。其次是 KST 和 PST 方法,决定系数分别为 0.716 和 0.683。OK 和 PGR 方法的决定系数较低,分别为 0.274 和 0.233。结果表明在 A_2 区域中,KLU 方法的预测精度最高,其次是 PLU、KST、PST 和 OK 方法,PGR 方法的预测精度依然最低。

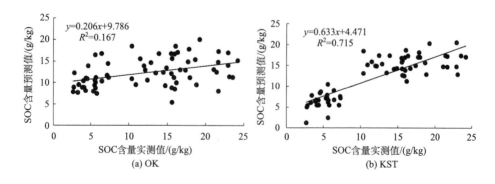

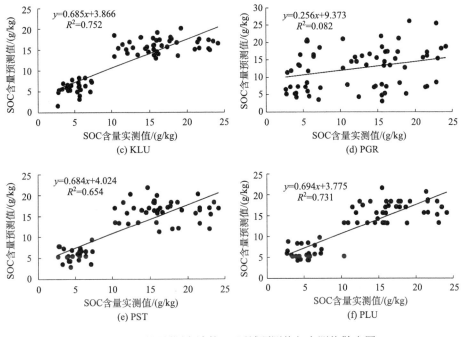

图 8-10 不同预测方法的 A_1 区域预测值与实测值散点图

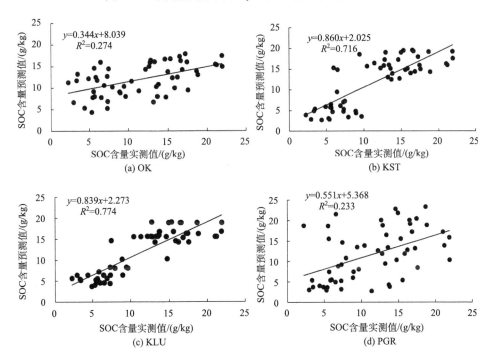

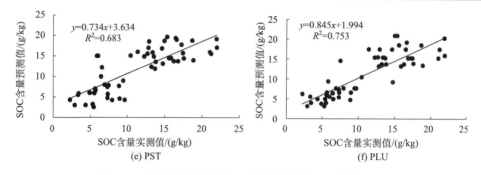

图 8-11 不同预测方法的 A_2 区域预测值与实测值散点图

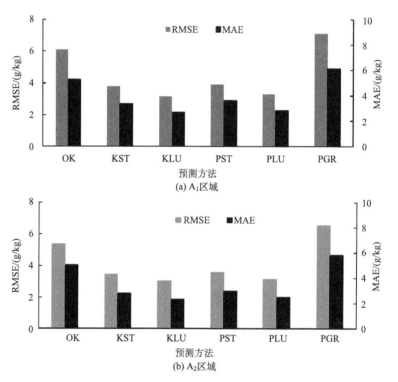

图 8-12 不同预测方法的 A_1 和 A_2 区域验证点的 SOC 预测 RMSE 和 MAE

两区域验证点的预测 RMSE 和 MAE 见图 8-12。在 A_1 区域的空间预测中,RMSE 最小的为 KLU 方法(RMSE=3.29 g/kg),其次是 PLU(RMSE=3.40 g/kg)、KST(RMSE=3.54 g/kg)和 PST(3.85 g/kg),而 OK 和 PGR 方法的预测 RMSE 分别为 5.99 g/kg 和 7.41 g/kg,远高于前面几种方法,其中 PGR 方法的 RMSE 约为前四种方法的两倍左右。相同验证点的 MAE 大小依次为 KLU(2.71 g/kg)<PLU(2.85 g/kg)< KST(3.36 g/kg)< PST(3.63 g/kg)< OK(5.26 g/kg)< PGR(6.12 g/kg)。

在 A_2 区域中，预测 RMSE 最小的也为 KLU（3.01 g/kg），其次是 PLU（3.13 g/kg）、KST（3.44 g/kg）、PST（3.59 g/kg），OK 和 PGR 方法的 RMSE 依然较高，分别为 5.37 g/kg 和 6.56 g/kg。预测 MAE 的顺序为 KLU（2.33 g/kg）< PLU（2.53 g/kg）< KST（2.80 g/kg）< KST（2.99 g/kg）< OK（5.04 g/kg）< PGR（5.83 g/kg）。

从预测的误差来看，不同预测方法的预测精度有较大差异。首先对于 OK、KLU 和 KST 三种克里金方法，由于未考虑到各种类型间较大的 SOC 含量差异，直接对 SOC 原始数据进行 OK 插值，此时克里金方法的平滑效应较为强烈，插值时将 SOC 高值拉低，同时将 SOC 低值拉高，必然造成较大的预测误差。相反，由于 KLU 和 KST 方法考虑了不同土壤类型和土地利用方式间 SOC 含量的较大差异，先去除土地利用方式和土壤类型均值的残差进行空间插值，去除类型均值后，SOC 数据的波动性降低，同时也降低了平滑效应，对克里金预测方法较为有利。所以 KLU 和 KST 方法的预测精度较高。其中，KLU 和 KST 方法的预测 RMSE 分别较 OK 方法降低了约 45% 和 41%。

对于 PLU、PST 和 PGR 三种图斑连接方法而言，PGR 方法是将中心点的 SOC 数据赋予整个栅格，由于南方红壤区地形复杂，一个规则栅格内的土地利用方式和土壤类型通常是多样的，SOC 含量自然差异较大，导致该方法在获得 SOC 空间信息时必然存在较大的偶然性和不确定性。如某栅格的中心点位置附近为水田，而栅格内却以旱地为主，以水田的 SOC 数值来赋予该栅格显然会使整个栅格内的 SOC 含量值偏高。而 PLU 和 PST 方法则考虑了各土地利用方式和土壤类型间的 SOC 含量差异，将各种类型图斑和采样点数据区别对待，通过将相同类型的采样点数据赋予土地利用方式或土壤类型图斑，如将水稻土采样点 SOC 数值赋予水稻土图斑，红壤采样点数据赋予红壤图斑，无疑会降低各图斑预测的不确定性，提高预测精度。相对于 PGR 方法，PLU 和 PST 方法的 RMSE 分别降低了 54% 和 48%。

六、点面拓展方法选择对获取区域土壤有机碳空间变异信息的意义

不同区域的 SOC 空间分布特征不同，中国南方红壤丘陵区地形复杂、土壤和土地利用类型多变，各土壤和土地利用类型间的 SOC 含量差异巨大，在通过当前流行的克里金方法和传统的图斑连接方法进行区域土壤有机碳含量的空间预测时，若忽略这种差异，必将造成点面拓展生成的区域 SOC 分布存在较大误差。

（1）克里金方法在对区域土壤属性的空间预测上最为流行。其中由于 OK 方法只需满足最少采样点数量和数据的正态分布条件，无须掌握影响 SOC 分布的区域背景条件，操作简单快捷，受到很多学者的关注。在获取土壤有机碳空间分布特征时，很多学者使用了普通克里金（OK）方法预测区域 SOC 分布，如 Huang 等（2007）使用 OK 方法得到了不同时期的中国如皋市有机质的空间分布图，进而量化计算了 SOM 的演变速率。由于 OK 方法强烈的平滑效应，其结果通常有

较大的不确定性，其可靠性需要讨论。特别是在类似于中国南方红壤丘陵区等地形复杂的地区，土壤类型和土地利用方式多样，其结果的不确定性变得很大，这需要引起土壤学者的注意。在弄清区域土壤有机碳的主控因子后，将其作为辅助因子与 OK 方法相结合使用，可较大程度地提高预测精度。

（2）在进行土壤有机碳库的预测和演变模拟时，很多学者以规则栅格为单元（如 1 km × 1 km、2 km × 2 km、5 km × 5 km 等）对区域土壤碳库的演变进行模拟（Yu et al., 2013），该方法仅需将采样点的 SOC 数据赋予划定的栅格，操作省时省力。但该方法在地形单一、土壤和土地利用方式一致的地区进行模拟，结果的可靠性或许较好，但对地形复杂区域的不确定性则大为提高，其可靠性也应受到质疑。由于区域土壤类型和土地利用方式多样，在栅格单元内的土壤属性存在较强的异质性，因此一个或少数几个采样点的对整个栅格区域的代表性通常较差，所用栅格越大，其可靠性则越低。而利用土壤类型图斑或土地利用方式图斑为预测和模拟单元的结果则相对较为可靠，这也被许多学者的研究所证实，如 Zhang 等（2012）使用土壤类型图斑模拟了中国太湖地区 SOC 的演变趋势，并通过验证得出该方法有较高的预测精度。可见合理的图斑连接方法也是区域 SOC 预测和模拟较为实用的方法。

（3）对结合了土壤类型和土地利用方式的克里金与图斑连接方法进行比较后发现，虽然 KLU 和 KST 分别略高于 PLU 和 PST，但其对空间预测的结果差异并不大，在中国红壤丘陵区均有较好的预测效果，其中结合土地利用方式的克里金和图斑连接的方法预测精度略好于结合土壤类型的方法。KLU 和 KST 方法基于区域化变量和地统计学的相关原理与算法，考虑了土地利用方式和土壤类型间的 SOC 含量差异，故其预测精度较高。但其自身固有且无法彻底消除的平滑效应，依然对预测精度造成了一定影响。基于传统土壤学和地理学知识的图斑连接方法近些年逐渐被学者淡忘，较少有人去使用，但本研究发现，结合土壤学和地理学知识的传统图斑连接方法在中国南方红壤丘陵区依然有较好的适用性，PLU 和 PST 图斑连接方法对有机碳的空间预测精度与结合类型信息的克里金（KLU 和 KST）方法接近，也是获得该地区土壤有机碳空间变异信息的高效方法。需要指出的是，普通克里金方法及其衍生方法（如 KLU 和 KST 方法）对最低采样点数量的要求通常是不少于 100 个，在少于该采样点数量的情况下，不能采用克里金方法，这限制了在采样点达不到最低数量要求的地区使用克里金方法，而图斑连接方法依然可以使用，尽管其预测精度会随采样点数量的减少而降低，但是能保证一定的预测可靠性，所以，如果想获得一个地区不同采样点数量与空间预测精度的量化关系，克里金方法可以得到从数千个采样点（甚至更多）到一百个采样点的预测精度，而图斑连接方法可以对比分析从几千个采样点直到几个采样点的预测结果，使量化序列更为完整、全面。因此，在区域采样点数量较多时，使用结合土壤学和地理学知识的克里金和图斑连接方法对南方红壤丘陵区 SOC 均有较高的预测和模拟精度，而在土壤采样点数量较少时，宜采用 PLU 和 PST 图斑连接方法获取区域 SOC 时空变异信息，能保证较高的预测和模拟精度。

第三节 本 章 小 结

中国南方红壤丘陵区地形复杂、土壤类型和土地利用方式多变，区域 SOC 空间变异性较强。

利用 OK、KST 和 KLU 三种克里金方法以及 PGR、PLU 和 PST 三种图斑连接方法，分别对江西省余江县内的采样密度为 1 km × 1 km 和 0.5 km×0.5 km 的两个区域的 SOC 进行空间预测，并对六种方法的预测精度进行了对比分析，结果表明，将采样点 SOC 数据直接与采样栅格相连接的 PGR 方法的预测精度最低，预测 RMSE 在 A_1 和 A_2 区域分别为 7.12 g/kg 和 6.56 g/kg，其次是未考虑土壤类型和土地利用方式的 OK 方法，预测精度最高的是考虑了土地利用方式的 KLU 和 PLU 方法，其预测 RMSE 在 A_1 区域分别为 3.15 g/kg 和 3.29 g/kg，在 A_2 区域分别为 3.01 g/kg 和 3.13 g/kg，均不到 PGR 预测 RMSE 的一半。而考虑了土壤类型的 KST 和 PST 方法的预测精度略低于 KLU 和 PLU 方法，远高于 OK 和 PGR 方法。研究表明，在中国南方红壤丘陵区进行 SOC 空间预测和模拟时，要充分考虑对 SOC 空间变异有重要影响的土壤类型和土地利用方式，利用其作为辅助因子的克里金和图斑连接方法均可大幅提高预测和模拟精度，其中考虑土地利用方式的方法预测精度最高，而基于普通克里金方法对该地区 SOC 的预测精度不高，获取的区域 SOC 空间变异信息的不确定性较大，不是该地区的优选方法，直接使用采样点数据与特定栅格相连的 PGR 方法的空间预测和模拟效果最差，应避免在该地区使用。另外，需要指出的是，在采样点数量较多时，KLU 和 PLU 均是该区域的优选预测和模拟方法，而采样点数量不足时，可优先考虑 PLU 方法，其次是 PST 方法。本研究结果可对广大中国南方红壤丘陵区 SOC 的空间预测和演变模拟提供有益参考。

第九章　样点密度与土壤有机碳空间预测精度的量化关系

土壤采样点布设模式、采样点数量和 SOC 空间点面拓展模型,是在揭示 SOC 空间分布特征时不容回避的三个重要问题。在前面的章节里,比较了未分类的网格法、土壤类型法、土地利用类型法和土地利用-土壤类型法四种采样点布设模式的采样效率,发现综合考虑土壤类型和土地利用方式的采样点布设模式在红壤区的采样效率最高。而通过不同采样点数量得到的 SOC 含量的变异性存在差异,说明采样点数量对揭示 SOC 含量的空间分布特征存在较大影响,在进行 SOC 野外调查时可依据精度要求与经费确定合理的采样点数量。在通过有限的土壤采样点预测区域 SOC 含量的空间分布时,点面拓展模型的选择十分重要。不同的拓展模型预测得到的 SOC 含量空间分布特征存在较大差异,由于该地区土壤类型复杂、土地利用方式多样,且土壤类型和土地利用方式对 SOC 含量有着重要影响,导致红壤丘陵区的 SOC 含量具有较强的空间变异性,普通克里金方法在该地区对 SOC 含量的空间分布的预测效果较差。分析表明,SOC 含量与土壤类型和土地利用方式存在较强的相关性,根据这种相关性,可将土壤类型和土地利用方式作为红壤区 SOC 含量空间预测的辅助变量。通过普通克里金(OK)方法、结合土壤类型克里金(KST)方法、土地利用方式的克里金(KLU)方法和土地利用方式-土壤类型的克里金(KLUST)方法对 SOC 含量空间预测结果的对比,发现结合土壤和土地利用类型信息的克里金(KLUST)方法具有较好的预测精度,比较适合红壤丘陵区土壤类型多变、土地利用方式多样的区域特点。

土壤采样点密度直接影响 SOC 含量空间预测的精度,为了给出余江县采样点密度与 SOC 含量空间预测精度的量化关系,本章基于优化的土壤采样点布设模式和空间预测模型,设计多个采样点密度等级,以分析不同采样点密度的 SOC 含量空间预测精度。

第一节　多密度等级的土壤采样点分布

一、多样点密度等级的设定

研究表明,结合土壤类型和土地利用方式的采样点布设模式的采样效率高于规则网格法,也高于仅考虑土壤类型或土地利用方式的布点模式。本节根据余江县的土地利用方式和土壤类型进行采样点布设,从所有样点($n=561$)中重采样

得到 $n=300$、$n=250$、$n=200$、$n=150$、$n=100$ 和 $n=50$ 的六个采样点数量等级，分别记为 D_{300}、D_{250}、D_{200}、D_{150}、D_{100} 和 D_{50}。采样点的确定主要根据优化的采样模式，并遵守以下基本原则。

（1）叠加土地利用现状图与土壤类型图，并计算得到各土地利用-土壤类型（土属）复合图斑的面积大小。

（2）每一类型的土地利用-土壤类型复合图斑均根据其面积大小与变异系数的综合权重进行样点分配[公式（9-1）]。若某图斑内采样点数量多于应布设采样点数量，则在该图斑内选择采样点时应遵循空间均匀原则；若某图斑内采样点数量少于应布设采样点数量，则通过增加相同类型、较小面积的图斑内的采样点来递补。

$$W_i = \frac{A_i + V_i}{\sum_{j=1}^{n} A_j V_j} \qquad (9\text{-}1)$$

式中，W_i 是第 i 类图斑在采样点分配时的综合权重；A_i 是其相应的面积权重（百分比）；V_i 是其变异系数的权重（百分比）；$i \leq j$，$\sum W_i = 1$。

（3）在研究区范围内，某些土壤土属类型由于图斑面积较小，且其与变异系数的综合权重也较小，在进行土壤样点重采样时，将其归并到与之土地利用方式、母质相同或相近，且属同一亚类的其他土属类型中。

据以上采样点重采样原则，本研究设计的六个密度等级（D_{300}、D_{250}、D_{200}、D_{150}、D_{100} 和 D_{50}）的采样点分布如图 9-1 所示。

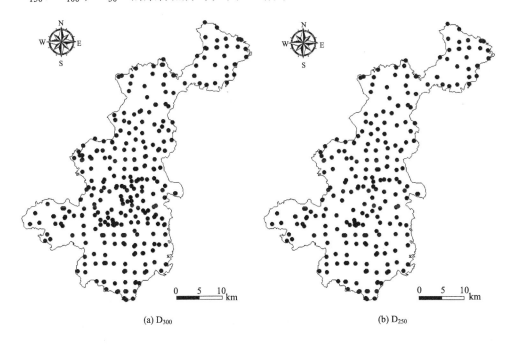

(a) D_{300}　　　　　　　　　　　　(b) D_{250}

图 9-1 不同密度等级的采样点分布图

在 D_{300}、D_{250}、D_{200}、D_{150}、D_{100} 和 D_{50} 六个采样密度等级中,采集的土地利用-土壤类型(土属)及采样点数量如表 9-1 所示。由于各土地利用-土属类型的面积大小和变异系数不同,其布设的采样点数量存在较大的差异。在 D_{300} 中,潴育型红砂泥田的综合权重最大,所以其采样点数量最多,达到 71 个;潴育型黄泥田由于其综合权重较小,故采样点数仅为 3 个。林地主要包括两个土属类型,即砂质岩红壤和泥质岩红壤,其面积和变异系数均较大,故综合权重也较大,但由于本次样品采集时,对林地土壤的采集数量较少,除去部分作为验证样点外,剩余的林地-砂质岩红壤和林地-泥质岩红壤仅为 35 个和 36 个,在 D_{300} 等级中,远未达到需要布设的采样点数量,其不足的部分则按比例分配到水田和旱地各土属中。随着采样点密度的降低,各土地利用-土属类型的数量均减少,其中水田-潴育型黄泥田在 D_{150} 等级的采样点数量减少为 0,水田-潜育型鳝泥田和旱地-红砂泥土采样点数量则分别在 D_{100} 和 D_{50} 等级减少为 0。林地两个土属的现有采样点数量仅在 D_{100} 和 D_{50} 能满足其权重要求。

表 9-1 不同采样密度下各土地利用-土属类型采样点数量

土地利用	土属名称	D_{300}	D_{250}	D_{200}	D_{150}	D_{100}	D_{50}
水田	潴育型潮砂泥田	54	42	29	18	10	5
	潴育型红砂泥田	71	56	40	25	13	6
	潴育型鳝泥田	10	8	6	4	2	—
	潴育型黄泥田	3	2	2	—	—	—
	潜育型红砂泥田	9	7	5	3	2	2
	潜育型鳝泥田	4	3	3	2	—	—
旱地	红砂泥土	5	5	5	4	3	—
	砂质岩红壤	52	41	29	17	10	5
	泥质岩红壤	11	9	6	4	2	2
	红黏土红壤	10	7	5	3	2	2
林地	砂质岩红壤	35	34	34	34	30	15
	泥质岩红壤	36	36	36	36	26	13

二、验证样点的设定

为量化各采样密度对 SOC 含量空间预测的精度大小,需要一定量的验证样点进行验证。为保证验证结果的可靠性,本研究选择 110 个样点作为验证样点,超过 6 个样点密度中最高密度(D_{300})样点数的三分之一。验证样点包含了预测样点中所有土地利用-土属类型,各土地利用-土属类型的最低验证样点数量不少于 3 个。同时,在选择验证样点时也兼顾空间分布的均匀性。其空间位置分布及描述统计分别见图 9-2 和表 9-2。

图 9-2 验证样点的空间位置图

表 9-2 验证样点 SOC 含量统计

样点数量	SOC 含量/(g/kg)				偏态系数
	最小值	最大值	均值	标准差	
110	3.1	26.1	13.2	6.4	0.2

第二节 多样点密度等级的区域土壤有机碳预测精度

一、各采样点密度的土壤有机碳描述性统计

各等级土壤采样点的 SOC 含量统计如表 9-3 所示。各采样点密度的 SOC 含量均值在 13.8~14.6 g/kg 之间变动，标准差呈现逐渐升高的趋势，表明随着采样密度的降低，其 SOC 含量数据的波动性逐渐增强。各等级 SOC 含量数值的偏态系数中，除了 D_{50} 略大于 1，其余等级均小于 1，表明数据近似呈正态分布特征。

表 9-3 不同采样密度预测样点 SOC 含量统计

采样密度	样点数量	SOC 含量/（g/kg）				偏态系数
		最小值	最大值	均值	标准差	
D_{300}	300	1.6	38.0	13.8	7.4	0.67
D_{250}	250	1.6	38.0	13.9	7.8	0.71
D_{200}	200	1.6	38.0	14.2	8.0	0.71
D_{150}	150	1.6	38.0	14.6	8.4	0.70
D_{100}	100	1.6	38.0	13.4	8.5	0.95
D_{50}	50	3.4	38.0	14.1	8.6	1.02

二、不同土地利用-土壤类型的有机碳均值及残差

前面章节关于 SOC 含量的因子分析和空间点面拓展模型的研究表明,土地利用-土壤类型间 SOC 含量的较大差异是造成空间预测精度不高的重要原因,通过去除各类型均值后的残差进行克里金插值,数据更平稳,然后将残差预测结果与相应类型均值相加,可以大幅提高 SOC 含量空间预测的精度。因此,不同采样密度下各土地利用-土壤类型 SOC 含量均值对预测结果非常重要(图 9-3)。

由图 9-3 可以看出,各土地利用-土壤类型(土属) SOC 含量差异较大,其中水田各土属类型的 SOC 含量较高,尤以潴育型鳝泥田和潜育型鳝泥田 SOC 含量最高;旱地各土属类型的 SOC 含量均较低,其中泥质岩红壤略高于其他三个土属类型;而林地两个土属 SOC 含量差异较大,砂质岩红壤的 SOC 含量值较低,泥质岩红壤的 SOC 含量则较高,后者约为前者的两倍。随着采样密度的变化,各土地利用-土壤类型 SOC 含量均值出现幅度不等的变化。同时,当采样密度较小时,部分土地利用-土壤类型的采样点数变为 0,则空间预测的有效类型逐渐减少,

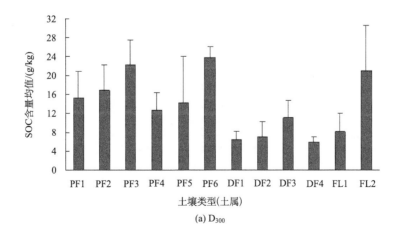

(a) D_{300}

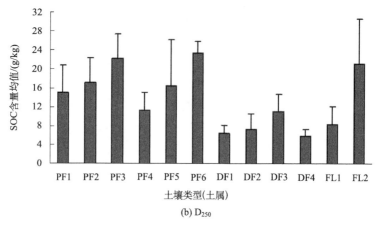

(b) D_{250}

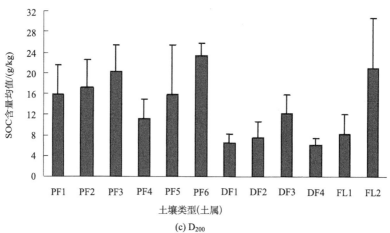

(c) D_{200}

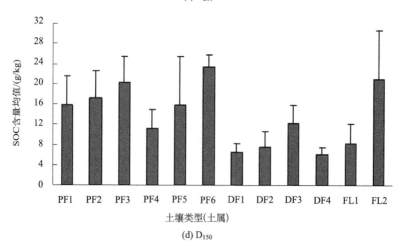

(d) D_{150}

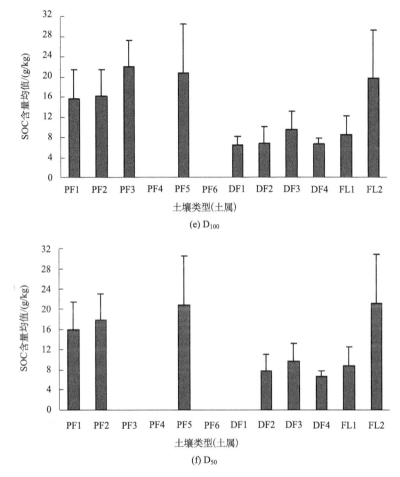

(e) D_{100}

(f) D_{50}

图 9-3 各密度等级土地利用-土壤类型 SOC 含量均值

PF1~6 分别代表：水田-潴育型潮砂泥田、潴育型红砂泥田、潴育型鳝泥田、潴育型黄泥田、潜育型红砂泥田和潜育型鳝泥田；DF1~4 分别代表：旱地-红砂泥土、砂质岩红壤、泥质岩红壤和红黏土红壤；FL1~2 分别代表：林地-砂质岩红壤和泥质岩红壤

如在 D_{300} 时，可利用的土地利用-土壤类型有 12 个，而在 D_{50} 时，可利用的类型仅有 8 个，说明随着采样点数量的减少，采样点的代表性逐渐降低。

不同采样密度下土壤样品的 SOC 含量值减去其所属土地利用-土壤类型均值后的残差，将用于普通克里金空间插值，但为了保证空间预测的准确性，残差数据须满足正态分布。对残差的 K-S 检验表明，各等级的残差数据均满足正态分布条件（图 9-4）。

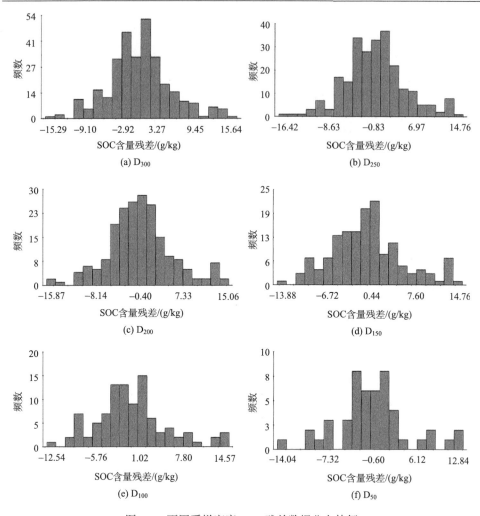

图 9-4 不同采样密度 SOC 残差数据分布特征

三、土壤有机碳残差数据的地统计特征

余江县 SOC 含量残差数据的半方差函数图见图 9-5，其半方差函数的拟合参数见表 9-4。从图和表中可以看出，$D_{300} \sim D_{50}$ 六个等级的 SOC 含量残差半方差函数的理论拟合模型均为指数模型。六个残差半方差函数的块金效应值均小于 30%，除 D_{100} 等级为强度空间自相关外，其余等级均属中等程度空间相关。随着采样密度的降低，其基台值呈明显的上升趋势，说明采样点数量越多，用其得到的 SOC 含量均值局部趋势的分离效果越好，随着采样点数量的降低，局部趋势分离效果越差。同时，随着采样点密度的减少，半方差函数的变程由 D_{300} 的 4410 m 逐步

增加到 D_{50} 的 12 600 m，表明采样点数量较多时，对局部土地利用方式、土壤类型等因子变化引起的 SOC 含量变化细部特征的表征更为详细，其自相关距离也相应较小；而采样点数量较少时，由于采样点的间隔较大，部分区域的 SOC 信息丢失，导致细部特征的表征较粗略，仅能在一定程度上反映 SOC 的宏观变化格局，对细部特征的反映较差，其自相关距离也相应较大。

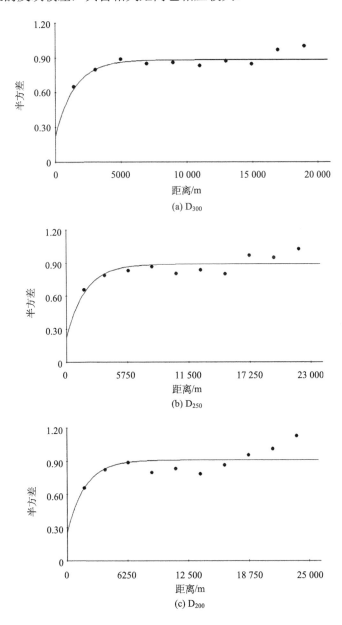

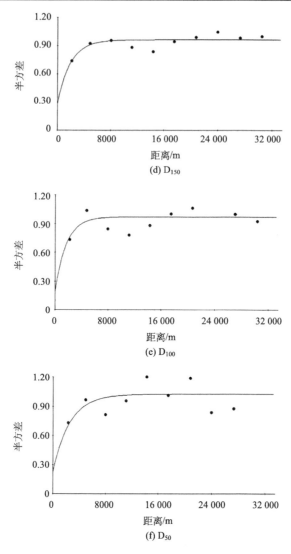

图 9-5 各密度等级 SOC 含量残差数据半方差函数图

表 9-4 各密度等级 SOC 含量残差数据半方差拟合参数

密度等级	理论模型	块金值 (C_0)	基台值 (Sill)	块金效应 (C_0/Sill)	变程 (Range) /m
D_{300}	指数模型	0.225	0.881	0.254	4410
D_{250}	指数模型	0.218	0.880	0.248	4830
D_{200}	指数模型	0.252	0.912	0.276	5550
D_{150}	指数模型	0.276	0.962	0.287	5800
D_{100}	指数模型	0.181	0.971	0.186	6360
D_{50}	指数模型	0.272	1.023	0.266	12 600

四、多样点密度的土壤有机碳空间分布特征

图9-6表明不同密度等级的采样点对余江县SOC含量空间分布特征的预测结果。从图中可以看出，不同采样密度得到的SOC含量空间分布格局基本一致，

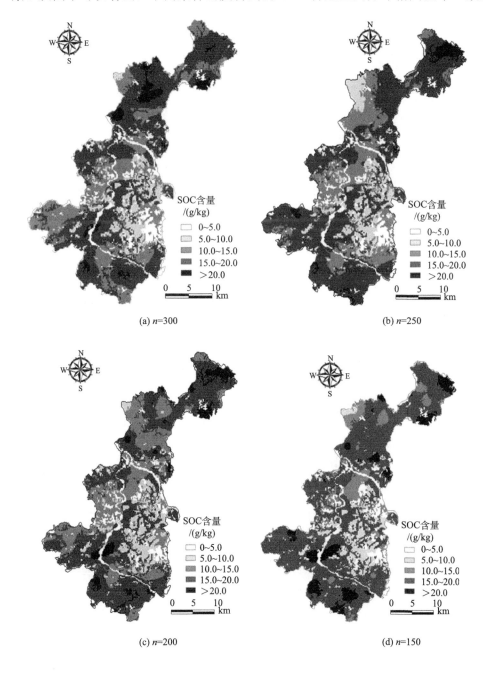

(a) $n=300$ (b) $n=250$ (c) $n=200$ (d) $n=150$

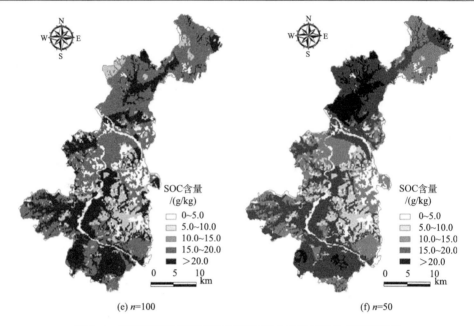

图 9-6 基于不同采样密度的余江县 SOC 含量空间分布预测结果

SOC 含量的分布等级均以 5~10 g/kg 和 10~15 g/kg 两个等级为主，这些地区主要为水田、林地和部分旱地为主；0~5 g/kg 等级主要是旱地分布地区，而大于 20 g/kg 的地区则以林地类型为主。从整体上讲，北部和南部 SOC 含量偏高，而中部地区的 SOC 含量偏低，这与土地利用类型和土壤类型的空间分布特征密切相关。然而，各采样点密度等级之间得到的 SOC 含量空间分布图存在局部差异，如在 D_{300} 密度等级，SOC 含量大于 20 g/kg 的地区出现在中部偏北的黄庄镇，D_{250}、D_{200} 和 D_{150} 出现在画桥镇，D_{50} 则出现在锦江镇，且其面积大小各不相同，这主要是采样点数量的不同导致空间插值时不同 SOC 含量残差值的点对运算造成较大影响，进而造成空间预测结果的差异。可见，采样点密度的差异会对 SOC 含量的空间局部分布特征产生影响。

第三节 采样点密度对土壤有机碳预测精度的影响

一、不同采样点密度的预测精度

为检验不同密度等级的采样点对 SOC 含量空间预测的准确性，本节对不同采样密度下各验证样点的 SOC 含量预测值和实测值进行散点分析。从 SOC 含量实测值与预测值之间的回归方程斜率及相关系数（图 9-7）中可以看出，D_{300}~D_{50} 的六个采样密度等级所预测得到的 SOC 含量值与实测值的相关性均达到了显著水平（$p<0.01$）（盖均镒，2000）。随着采样密度的降低，回归方程的斜率与相关系数均逐步降低，即通过预测样点对 SOC 含量空间预测精度呈降低趋势。从预测和验证样点的 SOC 含量值的散点图也可以看出，其离散程度越来越大。从统计学意义上讲，在 D_{300}~D_{50} 六个采样密度等级下空间预测模型对样本的解释程度分别为 78%、74%、70%、68%、68% 和 63%，对 SOC 含量空间分布特征的表征能力呈降低趋势。

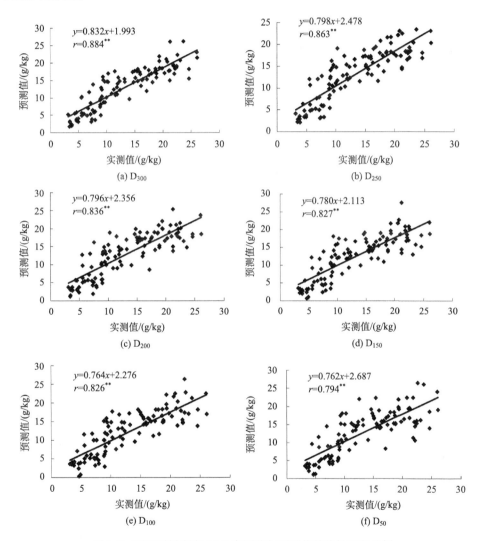

图 9-7 不同采样密度 SOC 实测值与预测值的线性回归分析

二、采样点密度与预测精度的量化关系

为定量地表达 SOC 空间预测精度与采样密度之间的关系，验证样点位置的 SOC 含量预测偏差（bias）可用平均绝对误差（MAE）来衡量，预测准确性和预测方法系统误差可用均方根误差（RMSE）来衡量。从不同采样密度下的 SOC 含量预测结果的平均绝对误差（MAE）和均方根误差（RMSE）来看（图 9-8），两者的分布规律基本一致，均随着采样密度的降低呈现升高的趋势，表明采样点数量越少，SOC 含量的空间预测精度越小。随着采样密度的减小，MAE 呈二次多项式函数增加，其方程可表示为

$$y = 0.007x^2 + 0.083x + 2.199 \qquad R^2 = 0.926 \qquad (9\text{-}1)$$

RMSE 随采样密度的减小，其变化规律亦呈二次多项式函数增加，其方程可表示为

$$y = 0.026x^2 + 0.008x + 2.872 \qquad R^2 = 0.948 \qquad (9\text{-}2)$$

式中，x 为采样点数量；y 分别为验证样点的预测 MAE 和 RMSE；R^2 为判定系数。

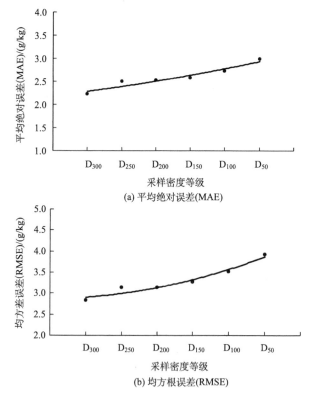

图 9-8 土壤有机碳含量预测 MAE 和 RMSE 值随采样密度的变化

在 D_{300}~D_{50} 密度等级上，全部验证样点的预测 MAE 值分别为 2.2 g/kg、2.5 g/kg、2.5 g/kg、2.6 g/kg、2.7 g/kg 和 3.0 g/kg。相对于 D_{300} 密度等级，D_{250}~D_{50} 密度等级的预测 MAE 值分别升高了 13.6%、13.6%、18.2%、22.7%和 36.4%。相对于全部验证样点的 SOC 含量均值（12.9 g/kg）而言，MAE 占平均含量的比重分别为 17.1%、19.4%、19.4%、20.2%、20.9%和 23.3%，表明在研究区按土地利用-土壤类型法布设 200~300 个土壤采样点时，其预测平均绝对误差均不超过研究区 SOC 含量的 20%，随着采样点数量的减少，预测平均绝对误差逐步增加，当布设采样点数量低于 150 个时，平均绝对误差则高于 SOC 含量均值的 20%，但未超过均值的 25%。

同样，从 D_{300} 到 D_{50} 密度等级，全部验证样点的预测 RMSE 值分别为 2.8 g/kg、3.1 g/kg、3.1 g/kg、3.3 g/kg、3.5 g/kg 和 3.9 g/kg。相对于 D_{300} 等级，D_{250}~D_{50} 等级的预测 RMSE 值分别升高了 10.7%、10.7%、17.9%、25.0%和 39.3%。相对于全部验证点的 SOC 含量均值（12.9 g/kg），RMSE 占平均含量的比重分别为 21.7%、24.0%、24.0%、25.6%、27.1%和 30.2%，表明在研究区按土地利用-土壤类型法布设 300 个、250 个和 200 个土壤采样点时，其预测均方根误差范围为研究区 SOC 含量平均值的 20%~25%，布设 150 个和 100 个采样点时，其预测均方根误差范围为 SOC 含量平均值的 25%~30%，但采样点数量减少到 50 个时，其预测均方根误差超过 SOC 含量平均值的 30%。

从 MAE 和 RMSE 随采样密度的变化来看，在 D_{300} 时的预测误差最小，在 D_{250}、D_{200} 和 D_{150} 三个等级时的预测误差较 D_{300} 出现一定程度的升高，但三个等级之间的误差差异不大，而到了 D_{100} 和 D_{50} 密度等级时，误差较前一密度等级呈快速增加趋势，特别在 D_{50} 密度等级时，其误差较前一密度等级变化幅度最大。如 D_{50} 时的 MAE 和 RMSE 增加值较 D_{50} 的误差值增加了 26.6%和 38.7%，而 D_{100} 的 MAE 和 RMSE 增加值相对于 D_{300} 误差值增加的比重分别为 15.9%和 24.3%，前者几乎为后者的 1.5 倍。

为了揭示不同土地利用方式和土壤类型预测样点随采样密度的变化规律，本研究对水田、旱地和林地三种土地利用方式及水稻土、红壤两种主要土壤类型验证样点的 SOC 含量预测精度与采样密度之间关系进行分析（图 9-9）。分析表明，三种土地利用方式，即水田、旱地和林地验证样点的 SOC 预测 RMSE 与验证样点数量之间均呈多项式函数增加，见公式（9-3）~公式（9-5）；水稻土和红壤的相应公式如公式（9-3）和公式（9-6）：

$$y = 0.036x^2 - 0.007x + 2.834 \qquad R^2 = 0.892 \qquad (9\text{-}3)$$

$$y = 0.432\ln x + 2.128 \qquad R^2 = 0.964 \qquad (9\text{-}4)$$

$$y = 0.035x^2 - 0.036x + 4.011 \qquad R^2 = 0.942 \qquad (9\text{-}5)$$

$$y = 0.017x^2 + 0.028x + 2.895 \qquad R^2 = 0.979 \qquad (9\text{-}6)$$

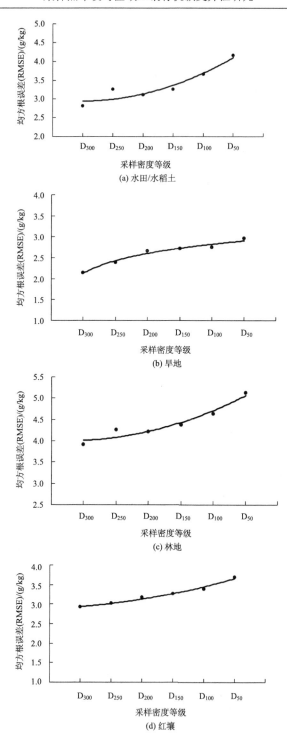

图 9-9 不同采样密度下各土地利用和土壤类型空间预测 RMSE

式中，x 为采样点数量；y 分别为验证样点的预测均方根误差；R^2 为判定系数。

验证样点的水田、旱地和林地 SOC 含量平均值分别为 17.5 g/kg、7.5 g/kg 和 12.9 g/kg。水田 SOC 含量预测的均方根误差在 D_{300}~D_{50} 六个密度等级上分别为 2.8 g/kg、3.3 g/kg、3.1 g/kg、3.3 g/kg、3.7 g/kg 和 4.2 g/kg，分别占水田验证样点 SOC 含量均值的 16.1%、18.9%、17.7%、18.9%、21.1%和 24.0%。旱地 SOC 含量预测的均方根误差在 D_{300}~D_{50} 六个密度等级上分别为 2.1 g/kg、2.4 g/kg、2.7 g/kg、2.7 g/kg、2.8 g/kg 和 3.0 g/kg，分别占旱地验证样点 SOC 含量均值的 28.0%、32.0%、36.0%、36.0%、37.3%和 40.0%。林地 SOC 含量预测的均方根误差在 D_{300}~D_{50} 六个密度等级上分别为 3.9 g/kg、4.3 g/kg、4.2 g/kg、4.4 g/kg、4.6 g/kg 和 5.1 g/kg，分别占林地验证样点 SOC 含量均值的 30.2%、33.3%、32.6%、34.1%、35.7%和 39.5%。结果表明，水田 SOC 含量的预测误差较旱地和林地小得多，其 SOC 含量的预测 RMSE 值在六个采样密度下均未超过其均值的 25%，即 SOC 含量预测精度在 75%以上，其中采样密度超过 D_{150} 时，其 SOC 含量的预测精度在 80%以上；旱地与林地 SOC 含量预测 RMSE 均高于水田，其中旱地在 D_{300} 时的预测精度略高于 70%，其他密度等级预测精度均低于 70%，特别是在 D_{50} 时，预测精度仅为 60%左右；林地 SOC 含量预测精度在六个密度等级中均低于 70%，在 D_{50} 时，预测精度也仅约 60%。

从验证样点的土壤类型（土类级别）来看，水稻土和红壤的 SOC 含量均值分别为 17.5 g/kg 和 9.0 g/kg。由于水稻土的采样点与水田的采样点相同，故水稻土 SOC 含量预测的精度即为水田 SOC 含量的预测精度。红壤 SOC 含量预测的均方根误差在 D_{300}~D_{50} 六个密度等级上分别为 2.9 g/kg、3.0 g/kg、3.2 g/kg、3.3 g/kg、3.4 g/kg 和 3.7 g/kg，分别占红壤验证样点 SOC 含量均值的 32.2%、33.3%、35.6%、36.7%、37.8%和 41.1%。结果表明，水稻土 SOC 含量预测误差较红壤类型小得多，其 SOC 含量的预测 RMSE 在六个采样密度下均未超过 SOC 含量均值的 25%，即 SOC 含量预测精度在 75%以上；而红壤的预测精度在六个等级上均低于 70%，特别是在 D_{50} 时，其预测精度甚至低于 60%。

第四节　本章小结

基于土地利用-土壤类型法布设采样点，并结合土地利用和土壤类型信息的克里金方法，不同的采样点密度等级（D_{300}、D_{250}、D_{200}、D_{150}、D_{100} 和 D_{50}）对研究区 SOC 含量空间预测的 MAE 值和 RMSE 值均随着采样密度的降低而呈二次多项式增加。其中预测 MAE 由 D_{300} 的 2.2 g/kg 上升为 D_{50} 的 3.0 g/kg，预测 RMSE 则由 D_{300} 的 2.8 g/kg 逐步升高至 D_{50} 的 3.9 g/kg，其相对于研究区 SOC 含量均值的比重也逐步增加。在实际采用时，可根据采样精度的要求确定合理的采样点数量。在相同的采样密度下，由于变异系数的差异，不同的土地利用方式和土壤类型的 SOC 含量预测精度存在差异，其中对水田/水稻土的预测精度较高，而对旱地、林地或红壤 SOC 含量的预测精度较低。这表明，在采样点布设时，虽然考虑了各类型 SOC 含量变异系数的差异，但变异系数在土壤采样点分配时的权重应该如何确定仍需要进一步讨论。

第十章　红壤区土壤有机碳时间变异及合理采样点数量研究

SOC 不仅存在较强的空间变异性，而且存在一定的时间变异性，区域 SOC 时间变异性的揭示是评价区域土壤质量演变和土壤固碳效果的前提。当前，不同时期的野外土壤调查采样数据是揭示 SOC 时间变异性的主要资料，然而每次实际野外采样时，应布设多少采样点一直困扰着土壤学者。所以区域 SOC 时间演变及揭示该演变所需的合理采样点数量的研究是评估和制定合理农业和环境管理措施的基础工作。

在野外实际土壤调查时，布设多少土壤采样点是无法回避的问题（Conant and Paustian，2002）。研究的目的和要求、区域 SOC 变异特征、研究的经费支撑等因素均可影响采样点数量的确定，采样点数量的多少不仅关系到 SOC 变异性的揭示程度，也关系到相关研究成本。当前土壤调查时采样点数量的确定还存在一定的主观性。一些学者已经对特定区域空间上合理采样点数量的确定开展了较多研究，如张世熔等（2007）、Yan 和 Cai（2008）、Sun 等（2012）、苏晓燕等（2011），但这些估算多是基于同一时期、在不同的空间尺度开展研究。然而，区域 SOC 经过特定时段后通常会出现一定幅度的变化，若要揭示区域 SOC 的时间变异性需要多少采样点为宜？目前针对这一问题的研究还较少，需要进一步深入探讨。

中国南方红壤丘陵区地形复杂、土壤类型和土地利用方式多变，SOC 不仅在空间上有较强的变异性，而且随着该地区土地利用方式和管理措施出现较大变化，在时间尺度上也呈现较强的变异性。掌握该地区 SOC 的时间变化特征及揭示其时间变异所需的合理采样点数量，对高效揭示区域 SOC 时间演变趋势及区域农业管理措施评价具有重要意义。鉴于此，本章选择红壤区的江西省余江县为研究区，通过不同时段的土壤采样数据和高效的空间预测方法，揭示红壤区 SOC 时间演变特征，并在此基础上确定揭示该时段县域 SOC 变化所需合理的采样点数量，为该地区 SOC 时间变异研究及土壤野外调查提供参考。

第一节 土壤数据与合理采样点数量计算方法

一、不同时期的土壤采样点数据

1982 年 SOC 含量数据源自余江县全国第二次土壤普查结果。此次调查的采样点位置没有经纬度信息，因此根据采样时记录的以重要地物为参照的位置信息及采样点周围的环境因子信息确定其空间位置，共选用可确定空间位置的表层（0~20 cm）样点 252 个（图 10-1）。其中 174 个作为预测样点，按土地利用方式分为水田、旱地和林地，采样点数量分别为 120 个、26 个和 28 个；其余 78 个样点作为验证样点用以评价 SOC 空间预测的不确定性，该采样点包含了这三种主要的土地利用方式。

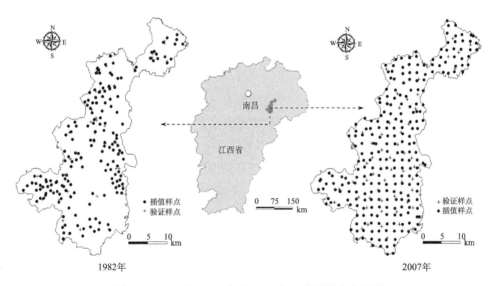

图 10-1 余江县 1982 年和 2007 年土壤采样点分布图

2007 年 SOC 数据源自中国科学院耕地土壤质量分等定级与生产潜力评估（2007~2010 年）项目在余江县的高密度土壤采样数据。本研究基于该高密度采样点数据库，通过 2 km × 2 km 网格进行重采样，获得了土壤表层（0~20 cm）样品 253 个（图 10-1），水田、旱地和林地三种土地利用方式的土壤采样点数量分别为 173 个、39 个和 41 个。此外，随机均匀地选取 78 个土壤采样点作为验证样点，用以评价 SOC 空间预测的不确定性，该采样点也包含了水田、旱地和林地三种土地利用方式。

二、SOC 时间变异的预测及不确定性评价

合理空间预测方法的选择是进行 SOC 时间变异研究的基础。中国南方红壤丘陵区 SOC 受多种因素的制约，存在较强的空间变异性。已有研究表明，随着人类活动对 SOC 空间分布的影响日益增强，土地利用方式成为制约该地区 SOC 变异性的主导因子（陈朝等，2011；李增强等，2014）。为提高空间预测精度，本研究使用了经过多次验证的红壤区高效 SOC 空间预测方法——结合土地利用类型信息的克里金方法得到两个时段 SOC 含量的空间分布图，关于该预测方法的原理可参阅相关文献（Liu et al.，2006a；张忠启等，2010）；1982～2007 年的 SOC 时间演变趋势则通过两个时段 SOC 含量的空间分布图进行栅格叠加运算得到。

1982 年和 2007 年两个时段的 SOC 预测精度分别通过验证样点的 SOC 实测值与预测值求得的均方根误差（RMSE）进行评价。RMSE 值越小，精度越高；反之，精度越低。

三、揭示土壤有机碳时间变异的合理采样点数量估算

在估算 1982～2007 年 SOC 变化所需的合理采样点数量时，使用了基于区域随机变量且国际上较为认可的估算公式进行计算（Conant and Paustian，2002）。

$$n^{1/2} = \sqrt{2} \times (Z_\alpha + Z_\beta) \times \text{CV} \times \mu / \Delta \tag{10-1}$$

式中，n 为所需的土壤采样点数量；Δ 为 1982～2007 年 SOC 平均变化量；CV 和 μ 分别表示采样点的 SOC 变异系数和均值；Z_α 和 Z_β 为由 Z 值表查得的相应临界值。

第二节　不同时期的 SOC 空间变异特征

一、不同时期的 SOC 含量统计特征

首先对不同时期的 SOC 含量数据进行统计，1982 年和 2007 年研究区 SOC 含量的描述统计结果见表 10-1。1982 年全县 SOC 含量均值为 14.18 g/kg，最小值和最大值分别为 5.86 g/kg 和 22.78 g/kg，后者是前者的近 4 倍。三种土地利用方式中，水田的 SOC 含量最高（15.10 g/kg），旱地的 SOC 含量最低（11.62 g/kg），林地居于两者之间，检验表明水田与旱地、林地差异显著（$p<0.05$）。2007 年 SOC 含量均值为 16.27 g/kg，最小值和最大值分别为 3.11 g/kg 和 34.20 g/kg，后者为前者的 10 多倍。在各种土地利用方式中，依然是水田的 SOC 含量最高，旱地最低；水田、旱地和林地三者之间 SOC 含量呈现显著差异（$p<0.05$）。相比于 1982 年，水田和林地 SOC 含量出现了较大幅度提高，而旱地出现一定程度的下降，各土地

利用方式的 SOC 含量变异系数均呈现大幅升高,这些变化与近年来各土地利用方式相应的管理措施及变化密切相关。同时,SOC 含量变异系数由 1982 年的 0.22 增加至 2007 年的 0.44,增加了 1 倍左右,表明 2007 年区域 SOC 含量的波动性较 1982 年大幅提高。

表 10-1 1982 年和 2007 年 SOC 含量的描述性统计特征

年份	土地利用	样点数/个	SOC 含量/(g/kg)				变异系数	1982~2007 年 SOC 变化量/(g/kg)
			最小值	最大值	均值	标准差		
1982 年	水田	120	7.02	22.78	15.10a*	2.41	0.16	
	旱地	26	5.86	17.40	11.62b	3.17	0.27	
	林地	28	5.88	18.73	12.63b	4.21	0.33	
	总体	174	5.86	22.78	14.18	3.19	0.22	
2007 年	水田	173	5.00	34.20	18.02A	6.07	0.34	+2.93
	旱地	39	3.42	17.41	9.07C	4.16	0.46	−2.55
	林地	41	3.11	34.03	15.75B	9.21	0.58	+3.12
	总体	253	3.11	34.20	16.27	7.17	0.44	+2.09

* 不同字母表示差异显著($p<0.05$)。

二、不同时期 SOC 数据的空间结构特征

利用 SOC 残差数据(去除土地利用方式均值后得到)进行空间插值时,为了避免在计算变异函数时产生比例效应而增大估计误差,要求数据符合正态分布,不满足正态分布的数据需进行相应的转换。在本研究中对 1982 年和 2007 年 SOC 含量残差数据分别进行 Kolmogorov-Smirnov 检验,结果表明 SOC 残差数据均服从正态分布(图 10-2)。

1982 年和 2007 年 SOC 残差值的半方差函数拟合模型见图 10-3。可以看出,两个时段残差数据的半方差函数最优拟合模型均为指数函数,模型公式表明两个时段半方差函数的块金值分别为 0.352 和 0.301,1982 年和 2007 年拟合模型的块金值与基台值之比(C/Sill)分别为 0.335 和 0.400,均属于中等强度空间自相关。这与其他学者在红壤区研究得到的 SOC 空间自相关性基本一致(Zhang et al.,2015)。两个时段残差数据的空间自相关距离分别为 5880 m 和 5130 m,均大于采样点的平均采样距离,表明采样点密度可以满足揭示 SOC 空间变异性的需要。

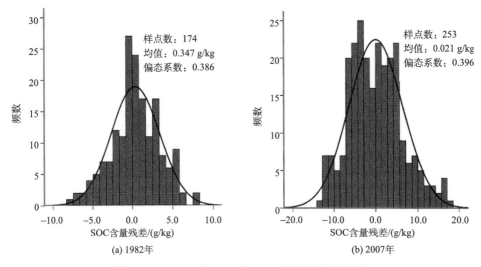

图 10-2　1982 年和 2007 年 SOC 残差数据频数分布

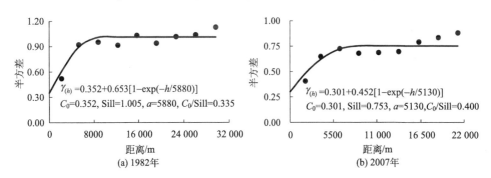

图 10-3　1982 年和 2007 年 SOC 残差数据的半方差函数

第三节　土壤有机碳时间变异特征及所需采样点数量

一、SOC 时间变异特征

1982 年和 2007 年 SOC 含量空间分布如图 10-4 所示，可以看出两时段 SOC 含量在空间分布上出现了较大差异。从图 10-4（a）来看，1982 年 SOC 含量分布格局呈现中部和南部沿河地区 SOC 含量较高，而其他地区 SOC 含量整体较低的状况。SOC 含量较高的地区主要为沿河流的水田地区，而林地和旱地整体 SOC 含量较低。从图 10-4（b）来看，2007 年 SOC 含量空间分布特征为北部地区和西南部地区含量较高，中东部地区的 SOC 含量较低。SOC 含量较高的地区主要是北部山区林地和沟谷水田，含量较低的地区主要以旱地为主。可见，SOC 含量的空间分布特征与红壤区土地利用方式的分布密切相关。整体来看，由于水田的农业投入及秸秆还田量较多，加上长期淹水条件使有机质分解速度缓慢而有利于 SOC 的积累，故 SOC 含量较高。而旱地的土壤水气条件有利于土壤养分的分解，加上农业投入和秸秆还田量相对较少，土壤养分得不到及时补充，导致 SOC 含量明显低于水田。这与很多学者的研究结果较为一致（王小利等，2006；李忠佩等，2015）。而对于林地，由于不同时期采取的林地保育措施不同，导致 1982 年和 2007 年两时段的林地 SOC 含量出现较大差异。

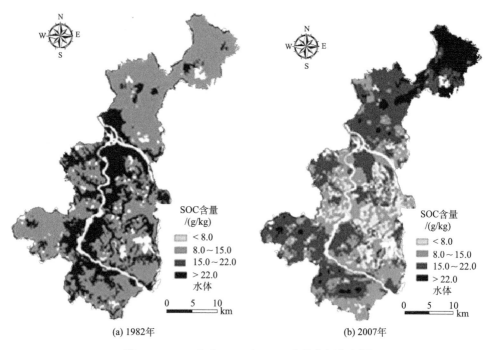

图 10-4　1982 年和 2007 年 SOC 含量空间分布图

从研究区 SOC 含量空间预测 RMSE 来看（图 10-5），1982 年和 2007 年全部验证样点的预测 RMSE 分别为 3.29 g/kg 和 4.26 g/kg，分别占预测样点均值的 23.2%和 26.2%（表 10-1）。而从各土地利用方式来看（图 10-5），水田的预测误差最小，1982 年和 2007 年的预测 RMSE 分别为 2.37 g/kg 和 3.29 g/kg，分别占两时段水田均值的 15.7%和 18.3%；林地的预测误差最大，分别为 4.05 g/kg 和 6.21 g/kg，分别占两时段林地均值的 32.1%和 39.4%；旱地预测 RMSE 居于两者之间，分别为 3.66 g/kg 和 4.35 g/kg，分别占两时段旱地均值的 31.49%和 48.0%。各利用方式的预测误差大小与其 SOC 含量变异性的强弱存在较大关系，水田的 SOC 含量变异性最小，其预测 RMSE 最小，而林地 SOC 含量变异性最大，其相应的预测 RMSE 值也最大,同时也说明了由于近些年各土地利用方式内的土壤管理措施出现一定程度的分化,造成了相同土地利用方式在两时段 SOC 预测精度出现差异。

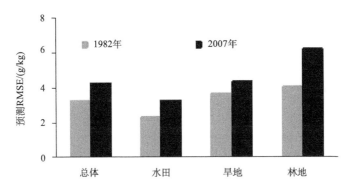

图 10-5　1982 年和 2007 年验证样点的 SOC 含量预测误差

对两期数据预测结果进行栅格叠加运算,得到研究区 SOC 含量演变结果,见图 10-6。可以看出研究区北部和西南部地区 SOC 含量大幅增加,而中东部地区

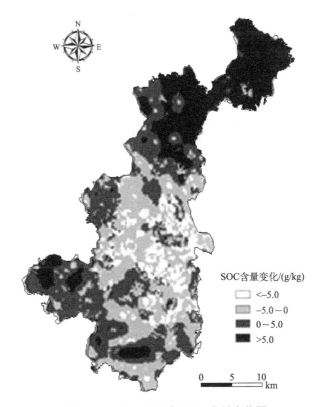

图 10-6　1982～2007 年 SOC 含量变化图

则出现明显的下降趋势。北部和西南部山区是主要的林地分布区，由于20世纪90年代以前林地大面积开垦为坡耕地（多为旱地），使其SOC含量大为降低，导致1982年林地整体SOC含量较低；而20世纪90年代以后，由于实施退耕还林和封山育林措施，因此近些年植被覆盖度大幅增加，林地土层发育深厚，地表枯枝落叶腐烂后进入土壤进而增加其SOC含量，这与其他学者在红壤区的研究结果一致（杨文等，2015）。同时该地区山间沟谷多为水田，由于人均水田面积较小，农业投入相比其他地区多，导致北部和西南部山区SOC含量整体较高。中东部地区旱地较多，由于旱地收益较差，管理方式落后，甚至出现大面积弃荒，导致近些年旱地SOC含量多呈现连续降低的趋势。研究表明，自1982年以来，林地和水田土壤管理措施使SOC含量增加，成为土壤固碳的主要类型区；旱地SOC含量呈降低趋势而成为碳源，应在制定固碳措施时引起重视。

二、揭示 SOC 时间演变所需采样点数量

两时段SOC含量的对比表明，2007年全部样点SOC含量较1982年增加了2.09 g/kg，增加幅度为14.7%。各土地利用方式中，水田和林地SOC含量分别增加了2.92 g/kg和3.12g/kg，分别较1982年增加了19.3%和24.7%，而旱地则降低了2.55 g/kg，降幅为21.9%。基于公式（10-1）和不同置信区间计算了为揭示SOC含量变化所需的合理采样点数量，如图10-7和图10-8所示。

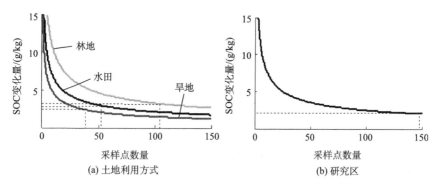

图 10-7 研究区和各土地利用方式的 SOC 变幅与所需采样点的量化关系（95%置信水平）

由图10-7可知，在95%置信水平上为揭示1982~2007年余江县SOC变化需要186个土壤采样点；为了揭示各种土地利用方式的SOC含量变化，水田、旱地和林地分别需要68个、44个、144个采样点，三者的比例为1∶0.65∶2.12。而在90%置信水平上，揭示全县SOC变化需要147个土壤采样点；为了揭示各土地利用方式的SOC含量变化，水田、旱地和林地分别需要54个、34个和112个采样点，三者比例为1∶0.63∶2.07。研究表明，为较好地揭示自第二次土壤普查

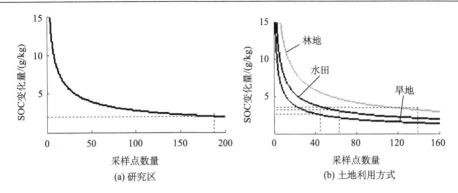

图 10-8 研究区和各土地利用方式的 SOC 变幅与所需采样点的量化关系（90%置信水平）

以来区域 SOC 的整体变化，全县范围至少应布设 186 个（95%置信水平）和 147 个（90%置信水平）采样点。若需揭示不同土地利用方式 SOC 含量变化而进行采样点布设，旱地所需采样点数量应为水田的 60%以上，而林地采样点数量应为水田的 2 倍以上。从 1982 年和 2007 年全县和不同土地利用方式的采样点来看，其采样点的布设并不尽合理，水田采样点偏多，而林地、旱地采样点偏少，这对高效揭示两时期的 SOC 空间分布及时间演变均有一定影响。研究表明，在确定揭示区域 SOC 时间变异所需的采样点数量时，应考虑区域 SOC 整体变幅及其变异性大小；而考虑各土地利用方式间的差异时，则需考虑各土地利用方式的 SOC 含量变幅及其变异性大小，并据此估算出各利用方式的合理采样点数量及其之间的比例关系。本研究结果将对红壤区 SOC 野外调查采样方案的制定提供有益参考。

第四节 本章小结

对研究区 1982 年和 2007 年两时段 SOC 数据的统计分析表明，第二次土壤普查以来余江县 SOC 平均含量整体呈增加趋势，但由于各土地利用方式的管理措施不同，导致各土地利用方式间的 SOC 时间变异性存在差异，其中林地和水田 SOC 含量均呈增加趋势，而旱地则呈降低趋势。基于 SOC 变化量和变异系数，估算出揭示全县 SOC 时间变异性所需的采样点数量分别为 186 个（95%置信水平）和 147 个（90%置信水平），低于本研究 2007 年 2 km×2 km 网格采样点数量，说明在通过调查采样揭示研究区 SOC 时间变异性时，采样间距可适当大于 2 km；从各土地利用方式所需采样点数量的计算结果来看，林地所需采样点数量最多，其次是水田，而旱地最少；通过与 2007 年网格采样的对比来看，网格采样得到的各土地利用方式的采样点数量比例并不合理，会对揭示区域 SOC 时间变异性产生影响，这也说明进行土壤采样点布设时充分考虑各土地利用方式的 SOC 含量变幅及变异系数的大小是十分必要的。

第十一章 点面拓展方法的选择对揭示 SOC 时间演变的影响

我国南方红壤丘陵区的土壤有机碳存在较强的空间变异性,且随着成土因子的变化和人类活动的日益增强,SOC 的时间变异性也不容忽视。揭示 SOC 时间演变规律,可以为土壤肥力评价和农业管理措施的制定提供依据。因此,近年来一些学者开始关注如何评价 SOC 的时间变异性。首先,一些学者基于图斑的方法进行 SOC 时间演变研究。如 Goidts 和 van Wesemael(2007)基于 1955 年和 2005 年的土壤采样点数据,通过土壤剖面与基于土地利用类型的景观单元相连接的方法,研究了比利时南部农用地(16 903 km^2)SOC 含量 50 年间的变化,发现农用地耕作层的 SOC 含量平均减少了 5.8 t/hm^2。其次,一些学者利用数学统计方法进行 SOC 时间演变研究。如 Nyssen 等(2008)在 Addis Ababa 南部 637 km^2 的地区利用多元回归模型分别计算了 1973 年、1986 年和 2000 年 SOC 含量分布,并分析了土地利用方式变化对 SOC 含量变化的影响。最后,随着地统计学的发展,克里金方法已成为研究 SOC 时间演变的主要方法,如在田块尺度上,Sun 等(2003a)在江西省余江县 112 hm^2 的面积上,通过 1985 年和 1997 年两期网格采样数据,利用普通克里金方法研究 12 年来 SOM 时间演变特征,认为地统计学方法在研究田块尺度的 SOM 时空变异时有较好效果;在区域尺度上,胡克林等(2006)通过北京大兴区 1980 年、1990 年和 2000 年三个不同时期耕层土壤有机质含量数据,应用普通克里金方法分析了有机质含量的变化趋势,发现研究区有机质含量普遍上升,并指出这与秸秆还田和有机肥的施用密切相关;Huang 等(2007)在中国如皋市利用 1982 年、1997 年和 2002 年的土壤样品数据,通过普通克里金预测方法对三个时段土壤有机质进行空间预测并描绘出其空间分布状况,比较了农业管理措施的改变对土壤有机质含量的影响。

综上所述,虽然当前 SOC 空间分布的预测方法多种多样,但由于较早时期采样时的相关信息不完善等原因,历史时期的辅助数据不易获取,目前多选用单一方法对不同时期的 SOC 空间分布进行预测,缺乏对不同预测方法的 SOC 时间演变结果的对比分析,故得到的演变结果存在较强的不确定性。因此,利用多种空间预测方法对 SOC 时间演变结果进行对比研究,对降低区域 SOC 时间演变的不确定性及优化空间预测方法是十分必要的。本章以地形复杂、土地利用方式多样的中国南方红壤丘陵区——江西省余江县为案例区,利用普通克里金方法(OK)和结合土壤和土地利用类型信息的克里金方法(KSTLU)揭示 SOC 的演变特征;通过验证样点集比较两种方法对不同时段 SOC 空间分布的预测精度,并将两种方法的 SOC 时间演变特征进行对比,以比较不同预测方法对揭示 SOC 时间演变的差异,并为红壤丘陵区 SOC 时间演变研究探索更适合的空间预测方法。

第一节 土壤采样点与点面拓展方法

一、不同时期的土壤采样点

本章研究内容使用了 1982 年和 2007 年两个时期的土壤采样点数据。其中,1982 年 SOC 数据引自余江县全国第二次土壤普查数据,由于此次土壤普查的采样点位置没有经纬度信息,据采样时记录的以重要地物为参照的位置信息及采样点周围的环境因子信息确定其空间位置,共选用可基本确定空间位置的表层(0~20 cm)样点 255 个(图 11-1)。其中 174 个作为预测样点,按土壤类型分为水稻土、红壤和潮土,采样点数量分别为 143 个、27 个和 4 个;按土地利用方式分为水田、旱地和林地,采样点数量分别为 131 个、18 个和 25 个。81 个采样点作为验证样点,约为总样点数的 32%,包含预测样点的所有土壤和土地利用类型。

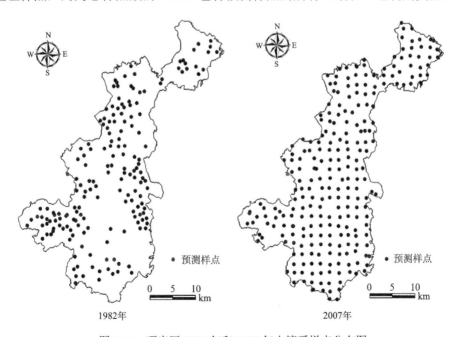

图 11-1 研究区 1982 年和 2007 年土壤采样点分布图

2007年预测样点采用 2 km × 2 km 网格采样，共采集表层（0～20 cm）样品 258 个（图 11-1 右），分为水稻土、红壤和潮土三种类型，采样点数量分别为 127 个、126 个和 5 个；按土地利用方式可分为水田、旱地和林地三种类型，其采样点数量分别为 131 个、79 个和 48 个。验证样点在研究区内随机、均匀采集，共 78 个，约为预测样点数的 30%，包含预测样点中的所有土壤和土地利用类型。所有土壤样品均在 2007 年 11 月采集。

1982 年土壤图和土地利用图源自余江县土种志，用 ArcGIS 软件进行数字化；2007 年所用土壤图源自江西省余江县土肥站提供的资料，土地利用图源自 2005 年中国土地利用数据库，并结合 2007 年遥感影像进行修正。不同时期的 SOC 数据及其残差半方差函数分析在 GS+下进行，SOC 插值图在 ArcGIS 下完成。1982～2007 年的 SOC 时间变异图是通过 OK 和 KSTLU 方法得到的两时段 SOC 空间分布图叠加运算得到的。

二、点面拓展方法的选择

土壤采样点 SOC 数据的点面拓展是有限的采样点数据拓展到面域的实现过程，是研究 SOC 时间演变的基础。本节利用普通克里金（OK）方法和结合土壤-土地利用类型信息的克里金（KSTLU）方法分别对 1982 年和 2007 年两时段 SOC 数据进行插值。其中地统计学的半方差函数公式及 OK 方法对未知采样点的估算原理及公式见相关文献（Wang et al., 2009）。

土壤和土地利用类型对 SOC 空间分布均有重要影响（Davis et al., 2004; Momtaz et al., 2009），相同的类型单元通常具有相近的 SOC 含量，而类型间通常存在较大差异（Liu et al., 2006a）。红壤丘陵区地形复杂，各土壤类型和土地利用方式的交错分布，造成 SOC 含量数据存在趋势效应，增加了空间预测的不确定性。为了消除不同土壤类型和土地利用方式造成的趋势效应，KSTLU 方法先将土壤样品按土壤类型分为水稻土、红壤和潮土三种类型，再将各土壤类型下的样品按土地利用方式分为水田、旱地、林地三种类型。进而每个样品的 SOC 含量值 $Z(x_{kj})$ 可以被分为土壤-土地利用类型均值 $\mu(t_k)$ 和残差 $r(x_{kj})$ 两个部分。

$$Z(x_{kj}) = \mu(t_k) + r(x_{kj}) \tag{11-1}$$

式中，x_{kj} 是样品 $Z(x_{kj})$ 所在的位置；t_k 为样品所属土壤类型，进而土壤样品的 SOC 含量值的方差被分为两个部分——类型间均值方差和类型内的残差方差，其中均值方差反映的是土壤-土地利用类型间 SOC 含量的变异性，而残差方差反映的是类型内部的变异性（Liu et al., 2006a）。KSTLU 将残差作为一个新的区域变量 $r(x_{kj})$ 进行克里金插值，其变异函数 $\gamma_r(h)$ 及待估点 x_{kj} 预测公式分别为公式（11-2）、公式（11-3），各待估点的 SOC 含量预测值 $Z^*(x_{kj})$ 为类型均值 $\mu(t_k)$ 与残差估计值

$r^*(x_{kj})$ 之和[公式（11-4）]。

$$\gamma_r(h) = \frac{1}{2N(h)} \sum_{i=1}^{N(h)} [r(x_{kj}) - r(x_{kj}+h)] \tag{11-2}$$

$$r^*(x_{kj}) = \sum_{k=1}^{n(j)} \sum_{j=1}^{m} \lambda_{kj} r(x_{kj}) \tag{11-3}$$

$$Z^*(x_{kj}) = \mu(t_k) + r^*(x_{kj}) \tag{11-4}$$

两个时期的 SOC 空间预测精度分别通过 1982 年的 81 个验证样点和 2007 年的 78 个验证样点进行检验。以平均绝对误差（MAE）和均方根误差（RMSE）评价待估点 SOC 预测精度的高低，MAE 和 RMSE 越小，则精度越高。另外，将不同预测方法得到的 SOC 时间变异图与两时段的实测样点统计结果及红壤区 SOC 的实际分布特点进行对比，分析合理的空间预测方法。

第二节 不同时期的 SOC 统计特征

一、不同时期的 SOC 含量统计分析

1982 年和 2007 年研究区 SOC 含量的统计见表 11-1。1982 年 SOC 含量均值为 14.55 g/kg，最小和最大值分别为 5.86 g/kg 和 20.30 g/kg，相差 14.44 g/kg；变异系数为 0.22。三种土壤类型中，潮土的 SOC 含量最高（16.39 g/kg），红壤 SOC 含量最低（12.13 g/kg），变异系数则出现相反趋势。三种土地利用方式中，水田的 SOC 含量最高（15.29 g/kg），旱地 SOC 含量最低（11.10 g/kg）；变异系数亦出现相反趋势。2007 年研究区 SOC 含量均值为 15.13 g/kg，最小（2.73 g/kg）和最大值（36.40 g/kg）相差 33.67 g/kg，变化范围较 1982 年大幅增加。SOC 变异系数为 0.50，为 1982 年的两倍以上。各土壤类型中，水稻土 SOC 含量较 1982 年提高了 3.41 g/kg，潮土和红壤分别降低 1.32 g/kg 和 0.27 g/kg；各土地利用方式中，水田和林地分别增加 3.19 g/kg 和 2.72 g/kg，旱地则降低 1.99 g/kg。与 1982 年的 SOC 含量变异系数相比，水稻土和红壤增加了近 1 倍，而潮土则增加了 4 倍多；水田和林地增加约 1 倍，旱地约增加了 0.5 倍。各土壤类型和土地利用方式的 SOC 含量的方差分析见表 11-2，各土壤类型和土地利用方式间的 SOC 含量的差异均达到显著水平（$p<0.01$），说明利用公式（11-4）进行 SOC 的空间预测是必要的。

1982 年和 2007 年 SOC 原始数据及去除土壤-土地利用类型均值后的残差半方差函数拟合模型见图 11-2。两时段 SOC 原始数据的半方差函数最优拟合模型均为指数函数，其相应残差半方差函数最优拟合模型均为球状模型。与原始数据拟合函数的参数相比，残差拟合函数的基台值降低，块金值升高，自相关距离减小，这主要是由于经过去除各土壤-土地利用类型均值后，由土壤-土地利用类型造成

的结构性方差降低，而随机因素的影响相对增加，说明土壤和土地利用类型间的 SOC 含量的差异对其变异函数有较大影响，增加了空间预测的不确定性，通过去除土壤-土地利用类型均值，可降低这种不确定性，从而提高预测精度。

表 11-1　1982 年和 2007 年土壤 SOC 含量描述性统计

时间	土壤类型	利用方式	样品数量/个	SOC 含量/（g/kg）				变异系数	分类
				最小值	最大值	均值	标准差		
1982 年	水稻土		143	6.84	20.30	14.96	2.77	0.19	按土壤类型分类
	红壤		27	5.86	18.73	12.13	4.34	0.36	
	潮土		4	14.09	17.46	16.39	1.58	0.10	
		水田	131	7.02	20.30	15.29	2.45	0.16	按土地利用方式分类
		旱地	18	5.86	17.40	11.10	3.90	0.35	
		林地	25	5.86	18.73	13.16	4.14	0.32	
	总体		174	5.86	20.30	14.55	3.21	0.22	
2007 年	水稻土		127	3.23	34.20	18.37	5.60	0.31	按土壤类型分类
	红壤		126	2.73	36.40	11.86	7.86	0.66	
	潮土		5	9.50	29.37	15.07	8.14	0.54	
		水田	131	3.23	34.20	18.48	5.74	0.31	按土地利用方式分类
		旱地	79	2.73	21.32	9.11	4.19	0.46	
		林地	48	3.11	36.40	15.88	9.89	0.62	
	总体		258	2.73	36.40	15.13	7.54	0.50	

表 11-2　各土壤类型、土地利用方式的 SOC 含量的方差分析

年份	方差来源	自由度	偏差平方和	均方	F 值
1982	土壤类型间	2	195.23	97.61	10.51**
	土壤类型内	171	1587.92	9.29	
	总体	173	1783.15		
	土地利用方式间	2	341.75	170.86	20.27**
	土地利用方式内	171	1441.40	9.29	
	总体	173	1783.15		
2007	土壤类型间	2	2680.37	1340.18	28.63**
	土壤类型内	255	11 937.84	46.82	
	总体	257	14 618.21		
	土地利用方式间	2	4363.56	2181.78	54.25**
	土地利用方式内	255	10 254.65	40.21	
	总体	257	14 618.21		

** 表示在 0.01 水平上显著。

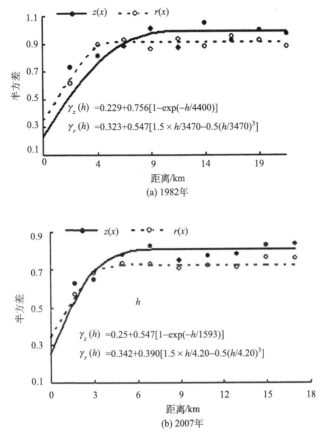

图 11-2　1982 年和 2007 年 SOC 原始数据和去除土壤-土地利用均值后残差半方差图

二、不同时期的 SOC 空间分布特征

图 11-3 为分别通过 OK 和 KSTLU 方法得到 1982 年和 2007 年 SOC 含量空间插值图。可以看出，经过 25 年的变化，两时段 SOC 含量的空间分布存在较大差异。从图 11-3 来看，1982 年两方法得到的 SOC 含量的分布格局较为相似，研究区中部和南部 SOC 含量较高，而北部含量较低；2007 年均为北部地区和西南部地区的 SOC 含量较高，而中东部地区的 SOC 含量较低。然而，OK 与 KSTLU 方法对 SOC 空间预测图在局部细节上存在较大差异，OK 方法得到的 SOC 等级分界线比较平滑，图斑较大，因而较为概化；而 KSTLU 方法得到的图斑较碎，能较好地表征更多的 SOC 含量分布的细部特征。显然，通过 KSTLU 方法得到的 SOC 含量分布图更接近土壤类型和土地利用方式多变的特点，使各类型间的差异得到较好的体现。

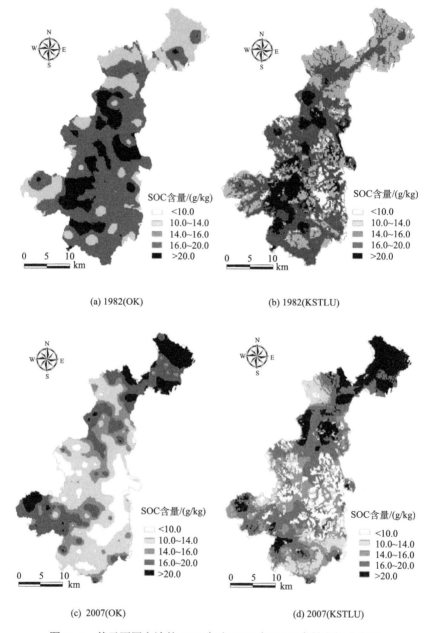

图 11-3 基于不同方法的 1982 年和 2007 年 SOC 含量空间分布图

从预测结果的统计分析看（图 11-4），由于 OK 方法有较强的平滑效应，得到的 SOC 含量分布较集中，由其得到的 1982 年 SOC 含量主要分布在 10~14 g/kg、14~16 g/kg 两个等级，约占总面积的 84%；2007 年 SOC 含量主要分布在 10~14

g/kg、14～16 g/kg 和 16～20 g/kg 三个等级，占总面积的 78%，而 KSTLU 在一定程度上克服了平滑效应，预测的 SOC 含量分布范围较广，由其得到的 1982 年 SOC 含量在 10～14 g/kg 和 14～16 g/kg 两个等级的比例为 70%，较 OK 方法降低 14 个百分点；2007 年 SOC 含量在 10～14 g/kg、14～16 g/kg 和 16～20 g/kg 三个等级的面积比例为 65%，较 OK 方法降低了 13 个百分点。

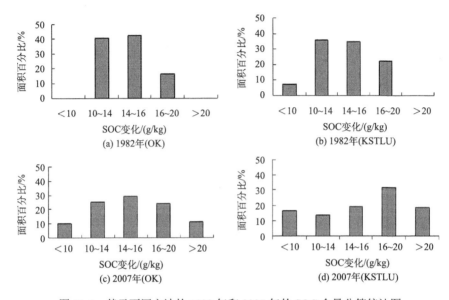

图 11-4　基于不同方法的 1982 年和 2007 年的 SOC 含量分等统计图

三、不同预测方法的精度比较

OK 和 KSTLU 两方法预测的 MAE 和 RMSE 的对比见图 11-5。从两方法的预测精度来看，均是 KSTLU 方法高于 OK 方法，其中 KSTLU 方法对 1982 年 SOC 预测的 MAE（1.99 g/kg）较 OK 方法（2.45 g/kg）降低了约 19%；RMSE（2.76 g/kg）较 OK 方法（3.37 g/kg）降低了约 18%。而 KSTLU 对 2007 年 SOC 预测的 MAE（3.23 g/kg）较 OK 方法（5.99 g/kg）降低了约 46%；RMSE（3.97 g/kg）较 OK 方法（7.23 g/kg）降低了约 45%。从两时段的预测误差来看，两方法对 2007 年的 MAE 和 RMSE 均较 1982 年大幅提高。原因是 2007 年的 SOC 变异性较 1982 年大幅提高（表 11-1）。一方面，不同土地利用类型间的 SOC 差异性有较大增加，如 2007 年水田和林地 SOC 含量较 1982 年均有提高，旱地 SOC 含量则降低。另一方面，同一土地利用类型内的 SOC 差异也呈增加趋势，如林地内由于树木生长历史不同，覆盖度及地表枯枝落叶层的差异较大，使其变异性大大增加。类型间的差异性及类型内的变异性的提高，均增加了预测的不确定性。

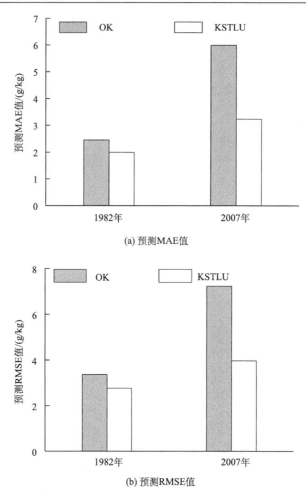

图 11-5 不同预测方法在两时段预测结果的 MAE 和 RMSE 对比

四、不同点面拓展方法对 SOC 时间变异的影响

将 OK 方法得到的两期 SOC 空间分布图进行叠加运算,得到 SOC 时间演变分布图[图 11-6(a)];同理,得到 KSTLU 方法的 SOC 时间演变分布图[图 11-6(b)]。两方法得到的 SOC 时间演变图在格局上基本一致,均是北部地区和西南部地区 SOC 含量增加幅度较大,而 SOC 含量减少的地区主要分布在中部。从局部细节来看,KSTLU 方法得到的演变图较 OK 方法的局部变化更详细,信息更丰富,各土壤-土地利用类型时间演变的差异得到了一定体现,林地、水田主要分布区的 SOC 含量明显增加,而旱地分布区的 SOC 含量出现下降。这是由于 20 世纪 90 年代以来,封山育林、退耕还林等政策的实施,使林地面积和林地的覆盖度大

幅增加,枯枝落叶层的存在使进入土壤的有机质增多,进而使林地 SOC 含量得以提高。同时,水田一直是红壤丘陵区最重要的农业土地利用方式,且作物产量高,受到农户的重视,特别是近年来农业投入的提高及秸秆还田的实施,使水田 SOC 含量大幅增加;而旱地由于产出较水田低得多,受重视程度不够,SOM 输入偏少且分解较快,加上长期存在不同程度的水土流失,导致 SOC 含量较 1982 年降低。

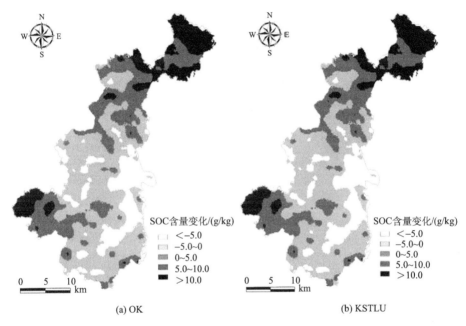

图 11-6 基于不同方法的余江县 1982~2007 年 SOC 时间演变分布图

从 OK 和 KSTLU 方法得到的 SOC 演变分段统计结果看(图 11-7),两方法得到的各等级分布面积存在较大差异。基于 OK 方法的各 SOC 演变等级中,SOC 含量出现降低区域中,<–5 g/kg 和–5~0 g/kg 两等级的面积比重分别为 14%和 43%,共占总面积的 57%;而 SOC 含量出现升高的区域中,0~5 g/kg、5~10 g/kg 和>10 g/kg 三个等级的面积比例分别为 27%、12%和 4%,共占总面积的 43%。基于 KSTLU 方法的各 SOC 演变等级中,<–5 g/kg 和–5~0 g/kg 等级的面积比重分别为 3%和 27%,共占总面积的 30%,较 OK 方法降低了 27 个百分点,而 0~5 g/kg、5~10 g/kg 和 >10 g/kg 三个等级的面积比例分别为 46%、17%和 7%,共占总面积的 70%,较 OK 方法增加了 27 个百分点。可以看出,通过 KSTLU 得到的 SOC 演变结果为大部分地区 SOC 呈增加趋势,与 1982 年和 2007 年两期采样点中水田和林地 SOC 均出现升高的结果一致,而 OK 方法得到的 SOC 演变结果为占面积多数的地区 SOC 呈下降趋势,与采样点的统计结果明显不符。可见 KSTLU 方法揭示 SOC 的时演变结果优于 OK 方法。

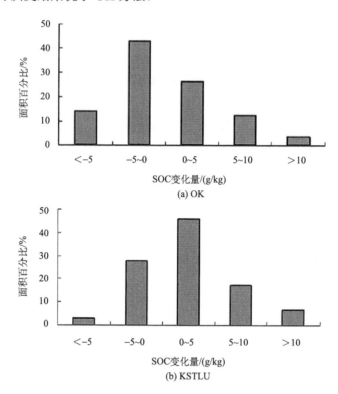

图 11-7 基于 OK 和 KSTLU 方法的余江县 1982～2007 年 SOC 不同变幅面积统计

第三节 本 章 小 结

红壤丘陵区地形复杂，土壤类型和土地利用方式多变，各土壤和土地利用类型间 SOC 含量的差异显著。1982 年和 2007 年两时段的采样点统计结果表明，2007 年面积较大的水田和林地的 SOC 含量均较 1982 年增加，而面积较小的旱地则出现降低。利用 OK 方法对 1982 年和 2007 年 SOC 空间分布进行预测，对两时段预测的 MAE 分别为 2.45 g/kg 和 5.99 g/kg，RMSE 分别为 3.37 g/kg 和 7.23 g/kg；而通过 KSTLU 方法对两时段预测的 MAE 分别为 1.99 g/kg 和 3.23 g/kg，较 OK 方法分别降低了 19%和 46%，RMSE 分别为 2.76 g/kg 和 3.97 g/kg，较 OK 方法分别降低了 18%和 45%。从 OK 方法得到的 SOC 时间演变结果来看，25 年来研究区 SOC 降低的面积（57%）大于增加的面积（43%），即大部分地区的 SOC 呈降低趋势。而 KSTLU 方法得到的 SOC 增加面积（70%）明显高于降低面积（30%），即大部分地区的 SOC 呈上升趋势。显然 KSTLU 方法的演变结果较 OK 方法更符合样点统计结果。同时,KSTLU 方法得到的演变图较 OK 方法的局部信息更丰富,各土壤-土地利用类型时间演变的差异得到了一定体现。研究表明,预测方法的选择对揭示 SOC 时间演变的结果有重要影响,不同的空间预测方法得到的 SOC 时间变异特征存在差异;KSTLU 方法是适合红壤区特点的空间预测方法,其揭示该地区 SOC 时间演变特征的效果优于 OK 方法。

第十二章 采样点密度与点面拓展方法揭示有机碳变异的效率对比

点面拓展方法是实现由有限土壤采样点到区域面状连续 SOC 信息的有力工具,是揭示 SOC 空间分布特征的重要手段。在实际应用中,各国土壤学者已经发展了多种 SOC 点面拓展方法,由较早的基于土壤学知识的图斑连接方法(Eswaran et al., 1993；Zhao et al., 2006)到以数学知识为支撑的多元统计和趋势面分析方法(Kiss et al., 1988；Sun, 2003b),再到当前流行的地统计学方法(Huang et al., 2007；Mishra et al., 2009),这些方法在特定时期为获得 SOC 空间分布特征起到重要的作用,同时这些方法均有优点及局限性。为了比较各点面拓展方法在获取区域 SOC 空间信息上的优劣,土壤学者对不同点面拓展方法的区域 SOC 预测精度进行了对比分析(Liu et al., 2006a；Sumfleth and Duttmann, 2008)。从已有研究来看,地统计学方法的克里金及其衍生方法是目前获得 SOC 空间变异性的主流方法,受到各国土壤学者的认可(Kerry and Oliver, 2007)。另外,一些土壤学者研究了土壤采样点密度(采样点数量)的大小对揭示 SOC 空间变异有重要影响(Steffens et al., 2009；Yu et al., 2011)。通常来讲,采样点密度越大越利于 SOC 的揭示,其空间预测精度越高,但同时也增加了野外实地采样和实验室分析的工作量,进而造成研究成本的大幅上升。因此,采样点数量与其空间预测精度之间的量化关系对确定合理的采样点数量有较好的参考作用。一些学者在不同的区域上开展了采样点密度对 SOC 空间预测精度影响的研究,发现 SOC 空间预测精度对采样密度变化的敏感性在不同区域和不同区域尺度上存在差异,某些区域 SOC 空间预测精度随采样密度的增加有大幅提高,有的则无明显提高,不同的区域尺度上也有类似情况(Li et al., 2007；Sahrawat et al., 2008；Yu et al., 2011),通常是地形和土壤条件复杂地区较单一地区的敏感性强,较大尺度的敏感性高于较小尺度,这些研究成果对区域土壤采样方案的制定有一定的借鉴意义。

从已有文献可以看出,空间点面拓展方法和采样点密度对揭示土壤有机碳的空间分异均有重要影响。当前研究多集中在单一方面的研究上,如不同拓展方法揭示 SOC 空间变异的精度对比或不同采样密度对揭示土壤有机碳变异性的影响分析。然而,对于某区域 SOC 空间变异的揭示,在采样点布设模式确定的前提下,土壤采样点密度和点面拓展方法是同时起作用的,但两者对提高区域 SOC 空间分布的揭示效率上是否同等重要或者哪一方面的改变对精度的影响更明显的问题，对今后学者获取区域 SOC 具有重要的参考价值。中国南方红壤区是全国主要的土壤区之一，面积约 118 km^2，由于该区域地形复杂、土地利用方式多样，SOC 空间变异性较强，其 SOC 空间变异特征的高效、精确获取一直受到中国土壤学者的关注。基于此，本章选择中国南方红壤丘陵区——江西省余江县为例，基于规则网格采样，比较不同采样点密度和点面拓展方法对获取同一区域 SOC 空间变异信息的影响，明确在揭示中国南方红壤丘陵区 SOC 空间分布特征时，采样密度与点面拓展方法中哪个对预测结果的影响更大，哪个是揭示红壤区 SOC 空间分布特征时应该优先考虑的重要方面，利于以较低的成本获取高精度的 SOC 空间分布信息。研究结果可为其他学者在该地区通过野外调查采样高效获取 SOC 空间变异信息提供参考。

第一节 点面拓展模型选择与采样密度设定

一、采样点密度的设定

本研究采用正方形规则网格布点采样，据研究需要设计了三种大小不同的网格。首先，在全县范围内采用的网格大小为 2 km × 2 km（$D_{2\times2}$），共采集土壤样点 254 个；其次，在余江县中部开阔区域采用 1 km × 1 km（$D_{1\times1}$）网格采集 129 个土壤样点；最后，在 $D_{1\times1}$ 网格区域内，对部分区域基于 0.5 km × 0.5 km（$D_{0.5\times0.5}$）网格进行采样，采集 149 个土壤样点，三种密度等级采样点的空间分布见图 12-1。在各密度等级的网格内，均在靠近中心点位置采集一个土壤样品，所有土壤样品采集的均为表层（0~20 cm），采样时用 GPS 记录每个采样点的经纬度，并描述各采样点的土地利用方式、土壤类型和管理措施等相关信息。所有土壤样品均在 2007 年底农作物收割后采集，$D_{2\times2}$、$D_{1\times1}$ 和 $D_{0.5\times0.5}$ 三种密度等级的采样点均包含水田、旱地和林地三种土地利用方式，三种密度的水田、旱地和林地的采样点数量分别为 118 个、82 个和 54 个，68 个、45 个和 16 个，75 个、54 个和 20 个。同时，为了验证不同采样密度、不同空间预测方法在同一地区的预测精度，本研究在 $D_{0.5\times0.5}$ 网格区域内随机均匀布设 56 个验证样点。所有土壤样品中的动植物残体被去除后，经风干、研磨，过 0.25 mm 筛，用重铬酸钾（$K_2Cr_2O_7$）氧化-滴定法测定（Nelson and Sommers，1982）土壤有机质，有机质含量乘以 0.58（Bemmelen 转换系数）得到 SOC 含量。

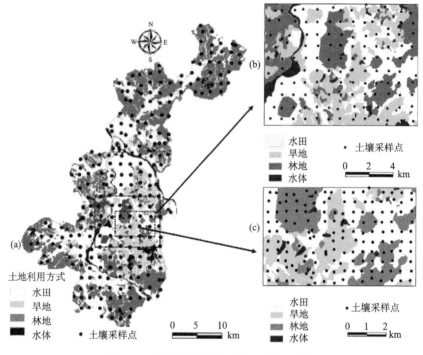

图 12-1 不同采样密度下的土壤样点分布

二、空间点面拓展模型

本研究在三种密度等级上均采样两种空间点面拓展方法，即普通克里金（OK）方法和结合区域土地利用类型信息的克里金（LUK）方法，对 SOC 含量的空间分布进行预测，研究土壤采样点密度和点面拓展方法对获取 SOC 空间变异性的精度影响。普通克里金方法基于区域化变量理论，通过空间相关的随机函数模型计算可获取变量的线性加权组合，从而对待估点进行预测。其基本原理和方法在许多文献中均有详细描述（Kerry and Oliver, 2007；Chai et al., 2008）。

土地利用方式是在各种自然因素（如土壤类型、地形地势、水分条件等）和人类活动（种植模式、管理措施等）综合作用下形成的特定地域单元，不同土地利用方式间的土壤属性往往存在差异。已有研究表明，红壤丘陵区的不同土地利用方式间的土壤有机碳含量存在明显差异，这种明显差异会通过克里金方法的平滑效应对土壤有机碳的空间预测带来较大的不确定性。为降低这种不确定性，LUK 方法将每一个土壤样品的土壤有机碳含量值 $Z(x_{kj})$ 分为两部分——土地利用类型均值 $\mu(t_k)$ 和残差 $r(x_{kj})$。LUK 方法将残差作为一个新的区域变量 $r(x_{kj})$ 进行 OK 插值，各待估点的 SOC 含量预测值 $Z^*(x_{kj})$ 为类型均值 $\mu(t_k)$ 与残差估计值

$r^*(x_{kj})$ 之和,其基本原理参考前面章节的相关内容。

为了验证不同采样密度、不同空间预测方法在同一地区的预测精度,本研究在 $D_{0.5\times0.5}$ 网格区域内随机均匀布设 56 个验证样点,基于这些验证样点,利用其预测值和实测值的相关系数(r)和均方根误差(RMSE)来评价待估点 SOC 含量预测精度的高低,r 值越大、RMSE 越小则预测精度越高,反之预测精度越低。

第二节 不同密度采样点的土壤有机碳数据分析

一、土壤有机碳含量的描述性统计

三种密度采样点土壤有机碳含量描述统计如表 12-1 所示。可以看出,水田土壤的有机碳含量在 $D_{2\times2}$、$D_{1\times1}$ 和 $D_{0.5\times0.5}$ 三种密度等级下分别为 18.31 g/kg、15.69 g/kg 和 16.12 g/kg,均高于旱地和林地;而旱地土壤有机碳含量在三种等级中均为最低,分别为 9.46 g/kg、6.50 g/kg 和 5.24 g/kg,分别为对应水田含量的 1/3~1/2;林地的土壤有机碳含量居于两者之间。通过统计检验发现三种密度等级的水田、林地和旱地土壤之间的有机碳含量均达到显著水平($p < 0.05$)。可见红壤丘陵区不同土地利用类型的土壤有机碳含量之间的差异不容忽视。从各密度等级的 SOC 含量变异系数来看,均属于中等程度变异,其中 $D_{2\times2}$ 略高于其他两种密度等级;从各土地利用类型的 SOC 变异性来看,三种密度等级中水田土壤有机碳的变异系数较小,而旱地和林地的变异系数均较高;从偏态系数来看,三种密度等级采样点 SOC 含量均基本符合正态分布(图 12-2)。

表 12-1 不同密度采样点土壤有机碳含量描述统计

采样网格	土地利用	样点数	SOC 含量/(g/kg)				变异系数	偏态系数	峰度系数
			最小值	最大值	均值	标准差			
$D_{2\times2}$	水田	118	5.00	34.20	18.31a	5.53	0.30		
	旱地	82	3.07	24.21	9.46c	4.62	0.49		
	林地	54	3.11	36.40	15.25b	9.58	0.63		
	总体	254	2.73	36.40	14.10	7.43	0.53	0.58	−0.04
$D_{1\times1}$	水田	68	4.40	26.15	15.69a	4.21	0.27		
	旱地	45	2.58	13.35	6.50c	2.61	0.40		
	林地	16	3.47	18.91	12.20b	4.62	0.38		
	总体	129	2.58	26.15	12.05	5.66	0.47	0.12	−0.81
$D_{0.5\times0.5}$	水田	75	5.45	24.15	16.12a	4.50	0.28		
	旱地	54	2.41	11.23	5.24c	1.79	0.34		
	林地	20	5.20	21.62	13.38b	4.34	0.32		
	总体	149	2.41	24.15	11.81	5.68	0.48	0.17	−0.96

注:表中 abc 的不同表示在两种采样网格下不同土地利用类型间的 SOC 含量差异显著($p < 0.05$)。

根据 LUK 方法的原理，将各土壤采样点的有机碳含量均减去其所属土地利用类型的含量均值，得到各样点的 SOC 残差值。在利用残差数据进行 OK 插值时，为了避免在运用地统计学方法计算变异函数时产生比例效应，即抬高的块金值和基台值，进而增大估计误差，数据需符合正态分布。分别对各密度等级 SOC 含量原始数据去除土地利用类型均值后的残差数据进行单样本 Kolmogorov-Smirnov 检验，结果表明各密度残差数据也基本服从正态分布（图 12-2）。

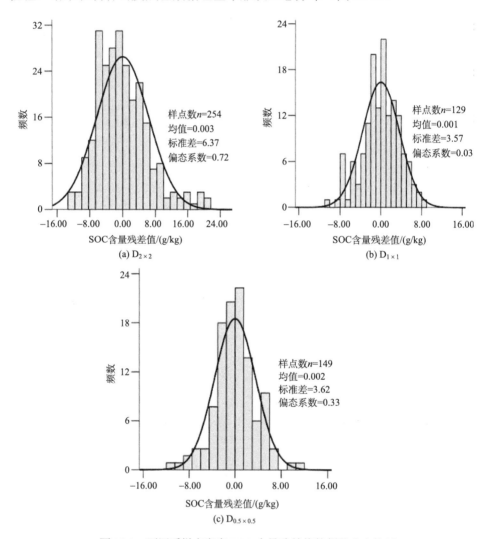

图 12-2　不同采样点密度 SOC 含量残差值的频数分布特征

二、不同密度采样点的地统计分析

基于 OK 和 LUK 两种点面拓展方法的各采样密度 SOC 含量及相应残差数据的半方差函数及拟合函数如表 12-2 和图 12-3 所示。可以看出,作为区域化变量的 SOC 及其残差均表现出较强的随机性和结构性。在 OK 方法中,$D_{2\times2}$ 和 $D_{1\times1}$ 两种采样密度 SOC 含量原始数据的拟合模型为指数模型,而 $D_{0.5\times0.5}$ 采样密度则为球状模型;在 LUK 方法中,$D_{2\times2}$ 采样密度的 SOC 含量残差半方差函数拟合模型为指数模型,$D_{1\times1}$ 和 $D_{0.5\times0.5}$ 两种密度则为球状模型。从半方差函数的偏基台与基台值之比(C/Sill)来看,三种密度 SOC 含量及其残差的空间相关性均为中等程度,基台值和自相关距离随采样密度的增加均呈降低趋势,说明采样间距越小,越能反映红壤区土壤有机碳的细部变异特征。

与基于 OK 方法的原始数据拟合函数参数相比,基于 LUK 方法的残差数据拟合函数基台值均有所降低,偏基台与基台值之比(C/Sill)值升高,自相关距离减小(图 12-4),这主要是由于经过去除各土地利用类型均值后,剔除了由土地利用类型造成的结构性方差,而随机因素的影响相对增加,这也说明土地利用类型间的 SOC 含量的差异对变异函数有较大影响,增加了空间预测的不确定性,通过去除土地利用类型均值,可降低这种不确定性,从而有助于提高预测精度。

表 12-2　不同密度采样点 SOC 含量及残差的半方差函数及拟合函数

采样网格	方法	分布	拟合模型	C_0	Sill	C/Sill	变程/m	R^2
$D_{2\times2}$	OK	正态	指数模型	0.552	1.105	0.553	26 550	0.838
	LUK	正态	指数模型	0.285	0.943	0.698	7350	0.651
$D_{1\times1}$	OK	正态	指数模型	0.345	1.029	0.665	2520	0.871
	LUK	正态	球状模型	0.309	0.962	0.679	1490	0.745
$D_{0.5\times0.5}$	OK	正态	球状模型	0.471	1.055	0.554	1830	0.939
	LUK	正态	球状模型	0.444	1.039	0.573	1780	0.911

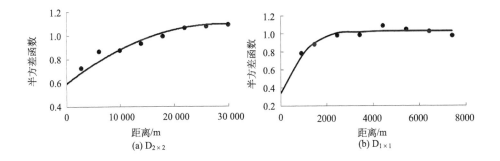

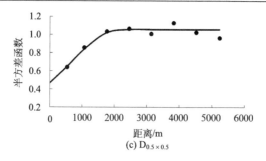

图 12-3 不同密度采样点 SOC 含量原始数据的半方差函数图

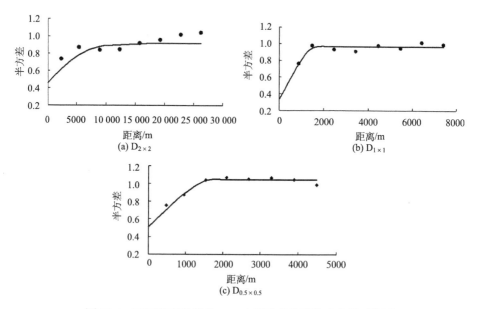

图 12-4 不同密度采样点 SOC 含量残差数据的半方差函数图

第三节 土壤有机碳空间预测结果及不确定性评价

一、土壤有机碳含量空间分布特征

通过 OK 和 LUK 两种点面拓展方法获得的各采样密度下土壤有机碳含量空间分布如图 12-5 和图 12-6 所示。通过 OK 方法在三种采样密度下得到的土壤有机碳含量在空间分布格局上是大致相似的,均为东部含量略高于西部地区,但三者的图斑大小有明显不同。$D_{2\times2}$ 图斑最大且过渡平缓,土壤有机碳含量变化幅度最小;$D_{1\times1}$ 图斑则变得细碎,土壤有机碳含量等级变化较 $D_{2\times2}$ 明显;$D_{0.5\times0.5}$ 图斑更为细碎,等级变化比前两者都明显,表明随着采样点密度的增加,获得的土壤有机碳空间分布信息较为详尽。三种采样点密度通过 LUK 方法得到的土壤有机碳空间分布格局也具有相似性,但三张图中的有机碳空间分布图斑与该区域的土地利用类型图斑有较好的一致性,在水稻土分布的区域土壤有机碳含量明显高于旱地区域,这是由水田和旱地的土壤水分条件决定的;中南部地区的土壤有机碳含量均较低,这是因中南部旱地分布较广造成的。可见,LUK 方法得到的区域 SOC 空间分布能更好地表达红壤区的细部特征,能更准确地反映 SOC 区域变化特征。

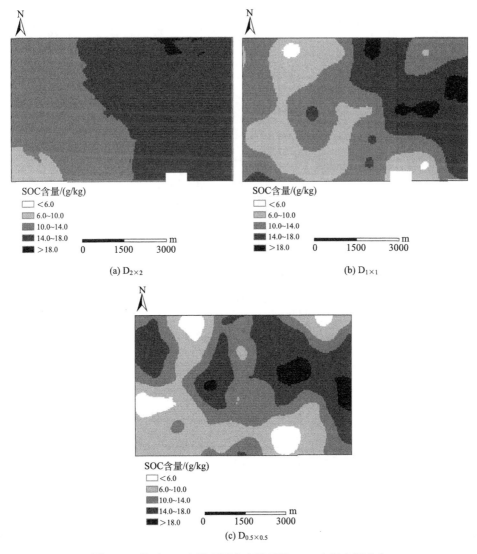

图 12-5　基于 OK 方法不同密度等级的 SOC 含量空间分布

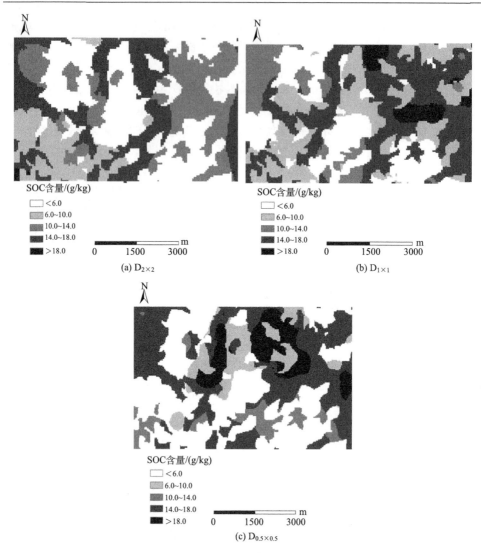

图 12-6 基于 LUK 方法不同密度等级的 SOC 含量空间分布

二、土壤有机碳空间预测精度的对比分析

验证样点 SOC 实测值与两种方法得到的预测值的散点分布如图 12-7 所示。两种方法预测值与实测值回归方程的相关系数均随采样密度的增加而上升。其中，在 $D_{2\times2}$、$D_{1\times1}$ 和 $D_{0.5\times0.5}$ 密度等级下，OK 方法对应的回归方程相关系数分别为 0.231、0.472 和 0.523，而 LUK 方法三种密度的相关系数分别为 0.632、0.788 和 0.879，各密度等级的数值均较前者有大幅度提高。同样，不同采样密度下两种方

法的预测值与实测值对应的回归方程系数与相关系数也呈一致的变化趋势。这一方面说明在相同预测方法的前提下,预测精度可随采样密度的增加而增加;另一方面,在相同的采样密度下,不同的空间预测方法得到的预测精度存在差异,LUK方法的预测精度较 OK 方法有大幅提高。

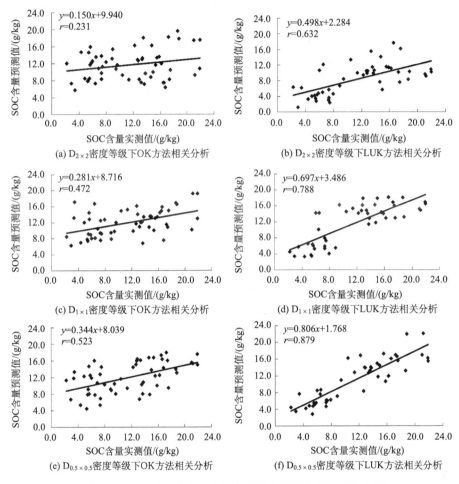

图 12-7 不同采样密度的土壤有机碳实测值与预测值散点图

图 12-8 为基于两种点面拓展方法得到的各采样密度 SOC 预测 RMSE 值。其中,OK 方法在 $D_{2\times2}$、$D_{1\times1}$ 和 $D_{0.5\times0.5}$ 密度等级下得到的 RMSE 分别为 6.77 g/kg、5.37 g/kg 和 5.21 g/kg,分别为相应密度等级 SOC 含量均值的 48.01%、44.57% 和 44.11%;而 LUK 方法得到的 RMSE 分别为 4.85 g/kg、3.42 g/kg 和 3.01 g/kg,分别为相应 SOC 均值的 34.40%、28.38% 和 25.49%,较 OK 方法各等级 RMSE 值分别降低了 28.36%、36.31% 和 42.23%,均出现大幅度下降。分析表明,由于克里

金插值法采用了最小二乘的标准以保证其局部误差达到最小,插值结果不可避免地存在着平滑效应,即较小的值常常被夸大,而较大的值往往被低估,无疑增加了土壤有机碳含量空间预测的不确定性。因此很多土壤学者在实际应用中对克里金方法进行了改进,尽量降低其预测误差。本研究中由于中国南方红壤区地形复杂,土地利用方式的多样性导致管理措施的差异,大大增加了土壤有机碳的空间变异性,而应用 OK 方法对区域 SOC 含量进行预测,未考虑各利用类型间 SOC 含量的较大差异,从而通过平滑效应产生了较大的预测误差。由于红壤丘陵区土壤有机碳含量显著受到土地利用类型的制约,本研究的 LUK 方法通过去除其类型均值而使土壤有机碳含量残差值进行克里金空间预测,残差预测结果与类型均值之和即为待估点预测值,进而使克里金方法的平滑效应大幅降低,预测精度大大提高。

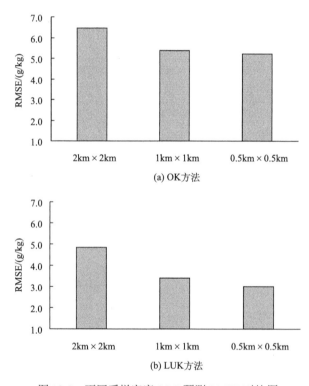

图 12-8　不同采样密度 SOC 预测 RMSE 对比图

从图 12-8 中可以看出,LUK 方法不仅在 $D_{2\times 2}$ 的预测误差远小于 OK 方法在 $D_{2\times 2}$ 的预测误差,而且小于其在 $D_{0.5\times 0.5}$ 的预测误差。这一结果表明,在同样的土壤有机碳空间预测精度要求下,LUK 方法需要的土壤采样密度远小于 OK 方法,即较 OK 方法需要的采样点少得多。这无疑可以大大降低土壤采样及实验室分析的成本,对获取红壤区土壤有机碳空间变异信息具有重要意义,同时也说明点面拓展方法的选择在获取红壤区土壤有机碳空间分布时的重要性,对其他土壤区也有借鉴意义。

三、采样点密度与点面拓展模型的空间预测效率对比

采样点密度和空间点面拓展方法对揭示红壤区土壤有机碳的空间变异特征均有影响。采样点密度的增加有助于降低 SOC 的空间预测误差,本研究中采样密度由 $D_{2\times2}$ 增加为 $D_{0.5\times0.5}$ 时,通过 OK 方法获得的 SOC 空间预测误差(RMSE)由 6.77 g/kg 逐步降低到 5.21 g/kg,而 LUK 方法的 RMSE 由 4.85 g/kg 降至 3.01 g/kg。从对揭示红壤区 SOC 空间变异特征的影响程度来看,预测方法的选择对提高空间预测精度的作用更为明显。从两种点面拓展方法的预测精度对比来看,由于平滑效应的存在,加上红壤丘陵区地形复杂,土地利用方式多样,SOC 含量空间变化剧烈,OK 方法未考虑各土地利用方式间的差异,较强的平滑效应导致其空间预测误差较大,即使大幅增加采样密度,其精度的提高也不明显;而 LUK 方法考虑各利用方式间的 SOC 含量差异,使平滑效应大为降低,从而提高预测精度,研究表明在 $D_{2\times2}$、$D_{1\times1}$ 和 $D_{0.5\times0.5}$ 三种密度等级下,LUK 方法均较同密度的 OK 方法的预测精度大幅提高。以 $D_{2\times2}$ 密度等级为例,LUK 方法较同密度的 OK 方法预测误差大幅降低(约降低 30%),而且低于 OK 方法在 $D_{1\times1}$ 和 $D_{0.5\times0.5}$ 密度等级下的预测误差。从揭示 SOC 空间变异特征对采样点数量的要求来看,在满足地统计学对采样点数量的基本要求的前提下,为达到同样的预测精度,LUK 方法所需的采样点数量可较 OK 方法大幅减少,甚至低于后者的 1/16,说明在通过野外土壤采样和空间预测获得红壤区 SOC 空间分布特征时,选取高效的空间预测方法至关重要,在同样的采样点数量基础上,高效预测方法获得的空间预测精度更高,而在同样精度要求下,高效预测方法可大幅减少采样点数量,使采样效率大为提高,而且使研究成本大幅降低,这无疑对土壤学工作者是意义重大的。

第四节 本 章 小 结

基于中国南方红壤丘陵区的江西省余江县 2 km × 2 km($D_{2\times2}$)规则网格的 254 个采样点,以及局部地区的 1 km×1 km($D_{1\times1}$)网格的 129 个土壤样点和 0.5 km × 0.5 km($D_{0.5\times0.5}$)网格的 139 个采样点,分别通过普通克里金(OK)和结合土地利用类型作为辅助信息的克里金(LUK)两种点面拓展方法获得 SOC 的空间分布信息,并通过公共同域内的 56 个随机验证样点,分析各采样点密度和各点面拓展方法对揭示 SOC 空间分布的影响。研究结果表明,$D_{2\times2}$、$D_{1\times1}$ 和 $D_{0.5\times0.5}$ 三种密度下 OK 方法得到的验证样点实测值与预测值之间的相关系数分别为 0.231、0.472 和 0.523,预测误差 RMSE 分别为 6.77 g/kg、5.37 g/kg 和 5.21 g/kg,而 LUK 方法的得到的相关系数分别为 0.632、0.788 和 0.879,RMSE 分别为 4.85 g/kg、3.42 g/kg

和 3.01 g/kg，两方法的误差均随采样密度的增加呈降低趋势，然而后者较前者出现大幅降低，RMSE 降幅分别为 28.36%、36.31%和 42.23%；其中，LUK 方法在 $D_{2\times 2}$ 的 RMSE 甚至低于 OK 方法在 $D_{0.5\times 0.5}$ 的数值，表明获取同样精度 SOC 空间分布信息时，LUK 方法较 OK 方法所需的采样密度要小得多。从 SOC 空间预测图来看，LUK 方法得到的 SOC 空间分布图较 OK 方法更能体现区域土壤细部特征，更符合红壤区的 SOC 实际分布特点。因此，获取中国南方红壤丘陵区 SOC 空间信息时，高效点面拓展方法应是优先考虑的方面，在此基础上结合精度要求再设定采样密度，可以较低成本获取高精度的区域 SOC 空间变异信息。

第十三章　土壤采样点空间离散度对揭示区域土壤有机碳变异性的影响

近些年来，学者们在野外土壤调查时发展了多种采样点布设方法，主要包括简单随机采样方法、基于土壤学知识的类型采样方法和规则网格采样方法等，由于布设方法不同，故采样点在空间上的分布特征也存在较大差异。随机采样是基于统计学原理的取样方法，从总体中随机抽取一定数量的样本，保证了选择的无偏差，学者们认为这种方法可对总体较好地估计。但需要指出的是，该方法得到的采样点常出现不均匀或成堆分布的情况。在实际土壤调查采样时，有学者发现在同一区域不同土壤、土地利用方式、植被类型等之间的 SOC 含量及变异程度均存在明显差异，由此提出类型分区采样，即先将研究区分成性质较为均一的不同类型区，然后分别独立地从每一类型区中依据其变异特点进行采样。由于不同类型区 SOC 的变异性存在差异，其采样点自然会在研究区不同部位呈现疏密差异（Zhang et al.，2010b，2018）。近些年来，随着地统计学和地理信息技术的发展，规则网格采样方法得到了广泛应用。该方法通常是把一张网格叠加在研究区域上，选择在每个网格的交汇点（或网格中心）位置布设采样点。根据研究目的和要求的不同，网格的大小可以从平方米等级到平方千米等级不等，获得的采样点在空间上分布十分规则且均匀。由于该方法无须研究区相关信息，且在地理信息系统软件下易于操作，其应用越来越广。

点面拓展方法是实现有限土壤样点 SOC 数据由点到面的尺度转换，从而实现其空间分布定量表达的必要手段。在获得区域 SOC 空间变异特征时，可供使用的点面拓展方法主要有多项式预测、图斑连接、克里金方法等。其中多项式和图斑连接方法是早期揭示区域 SOC 分布和碳储量估算的主要方法，但随着地统计学和地理信息技术的发展，克里金方法逐渐成为揭示 SOC 空间变异性的主流方法。为了提高空间预测精度，克里金方法在普通克里金方法的基础上已经衍生出多种方法，如泛克里金、回归克里金、结合环境因子的克里金方法等。在实际使用克里金方法进行 SOC 点面拓展时，通常会考虑采样点的数量、采样点数据的平稳性等方面对克里金方法预测结果的影响，而很少有人关注采样点空间分布特征对 SOC 空间预测结果的影响。

在野外土壤调查采样时，各采样点布设方法获得的采样点空间分布特征不同，造成实际采样点的空间离散程度（或均匀程度）可能存在较大差别。那么在通过主流空间预测方法——克里金方法揭示 SOC 空间变异性时，采样点离散度的不同是否会对预测结果的不确定性造成影响呢？若有影响，影响程度会有多大？目前对这些问题的研究还少有报道。鉴于此，本章以江西省余江县中部地区为例，基于高密度采样点，通过重采样获得多个空间离散度的预测样点集，使用不同克里金方法对各离散样点集进行 SOC 空间预测，并通过验证样点对其结果进行比较，以评价不同离散度土壤采样点揭示 SOC 变异的不确定性，讨论采样点离散度对 SOC 空间预测的影响；并通过各采样点离散度下不同克里金方法空间预测精度的对比，查明不同克里金方法对采样点离散度的响应差异。研究结果可为红壤丘陵区制定合理采样策略和高效揭示 SOC 空间变异性提供有益参考。

第一节 数据来源与研究方法

一、土壤数据源

本章所用的采样点源自 2010 年在江西省余江县的高密度土壤采样点数据库，该数据库的形成基于在余江全县范围内进行的阶梯式网格采样：首先，在全县范围内以 2 km×2 km 网格布设采样点；其次，在该县中部地区以 1 km×1 km 网格进行加密采样；最后，在 1 km×1 km 网格采样区内，通过 0.5 km×0.5 km 网格再次加密采样。各等级网格均在网格中心位置布设 1 个采样点。实际采样过程中有些采样点落在村庄、道路、水体等区域，则对其位置进行调整，就近采集，少数不能调整的则放弃采集。研究区选择了三种采样密度叠加区域（约 5 km×8 km），采样点较为密集，可最大限度地满足不同离散度样点的重采样选点需要。研究区共包含 214 个采样点（图 13-1），首先选择均匀分布的 48 个采样点作为验证样点，用于不同离散度样点揭示 SOC 空间变异性的不确定性评价；其余 166 个作为预测样点，以供不同样点离散度的重采样选点使用。所有土壤样品均在 2007 年 11 月农作物收割完成后采集。

二、不同土壤采样点离散度的设置

土壤采样点离散程度通过生态学空间分布格局分析中的 VMR（方差均值比）方法表征（王劲峰等，2010）。在计算采样点离散度时，通过计算每个网格（本研究使用采样计划中的 1 km×1 km 网格，共 40 个）内采样点数量以及各网格之间采样点数的方差与均值比确定离散度大小[公式（13-1）～公式（13-3）]：

$$\text{VMR} = \frac{V}{X} \tag{13-1}$$

$$V = \frac{1}{n-1}\sum_{i=1}^{n}(X_i - \bar{X})^2 \qquad (13-2)$$

$$\bar{X} = \frac{1}{n}\sum_{i=1}^{n}X_i \qquad (13-3)$$

式中，V 为网格之间土壤采样点数的方差，为网格之间的土壤采样点数均值；X_i 为第 i 个网格内土壤采样点数；n 为样方数量。当 VMR<1 时，表示土壤采样点分布较均匀，VMR 值越小，采样点均匀性越高；当 VMR>1 时，土壤采样点呈现集聚分布，VMR 值越大，采样点集聚度越高，均匀性越差。

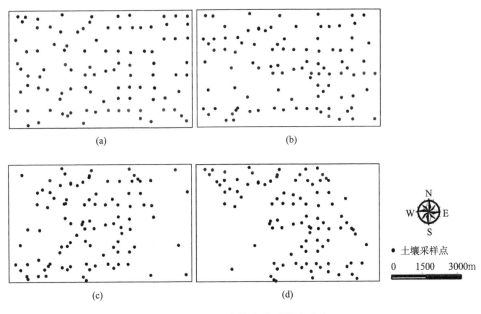

图 13-1 不同离散度的采样点分布
（a）、（b）、（c）和（d）的 VMR 分别为 v_1、v_2、v_3 和 v_4

本研究基于 166 个预测样点，通过重采样得到 4 个样点离散度等级，每个离散度等级的 VMR 值是 3 次重采样（其 VMR 值较为相近）的平均值，每个重采样所得土壤采样点数均为 100 个（n=100）。4 个离散度等级据 VMR 值从低到高（即均匀程度由高到低）分别记为 V_1、V_2、V_3 和 V_4，$V_1 \sim V_4$ 等级的 3 次重复得到的 VMR 值分别为 0.10、0.13、0.14，0.69、0.79、0.91，1.40、1.45、1.53 和 2.06、2.20、2.25，得到 $V_1 \sim V_4$ 等级的 VMR 均值分别为 0.12、0.80、1.46 和 2.17。为便于展示，本节中土壤采样点分布及相应的 SOC 空间分布均以 $V_1 \sim V_4$ 等级 3 次重采样中最接近均值的那次实现（VMR 值分别为 0.13、0.79、1.45 和 2.14）为例进行展示，其相应的离散等级记为 v_1、v_2、v_3 和 v_4。而不同离散度得到的 SOC 空间预测不确定性评价及相关分析则是基于3次重复的平均状况。

三、空间预测方法及不确定性评价

通过两种克里金方法对各离散度样点进行空间拓展,获得研究区SOC空间变异特征。两种克里金方法分别为普通克里金(OK)方法和结合土地利用类型的克里金(LUK)方法。OK方法是一种较常用的区域化变量空间预测的方法,其应用与原理在许多文献中有详细介绍。另一种预测方法则选用以土地利用方式作为辅助信息的克里金衍生方法——LUK方法进行SOC空间预测。LUK方法相关原理及公式参考前面章节的相关研究方法部分。

本研究基于48个验证样点对不同离散度土壤采样点的SOC空间预测结果进行评价。选择验证样点SOC含量实测值和预测值的相关系数(r),以及绝对平均误差(MAE)、均方根误差(RMSE),对不同离散度土壤采样点插值结果的不确定性进行评价。MAE与RMSE越小,表明空间预测精度越高,反之精度越低。

第二节 基于不同样点离散度的SOC空间变异特征

一、全部样点及各离散度样点的SOC含量统计特征

全部预测样点SOC含量的描述统计见表13-1。166个土壤样点的SOC含量的波动范围为2.23~24.15 g/kg,均值为11.39 g/kg;全部样点SOC含量的变异系数为0.53,为中等程度变异(Chaplot et al., 2010)。研究区三种土地利用方式的SOC含量差距较大,其中水田的SOC含量最高,为15.05 g/kg,而林地和旱地的含量大幅低于水田,分别为8.20 g/kg和7.95 g/kg。数学检验表明,水田与旱地、林地间SOC含量差异达到显著水平($p<0.05$)。从SOC含量变异系数来看,三种土地利用方式中旱地采样点的变异系数最大,达到0.64,而水田和林地较低,分别为0.33和0.35,约为旱地的一半;从数值上来看,三种土地利用方式的SOC含量也均为中等程度变异。

表13-1 各土地利用方式和全部样点的SOC含量描述性统计

土地利用方式	样点数量	SOC 含量/(g/kg)				变异系数
		最小值	最大值	均值	标准差	
水田	80	2.66	24.15	15.05a	5.02	0.33
旱地	75	2.23	21.66	7.95b	5.11	0.64
林地	11	3.72	14.95	8.20b	2.85	0.35
总体	166	2.23	24.15	11.39	6.06	0.53

注:表中a、b字母的不同表示SOC含量均值之间存在差异显著($p<0.05$)。

表 13-2 为基于 V_1、V_2、V_3 和 V_4 四个离散度等级 3 次重复得到的土壤采样点 SOC 含量统计结果。不同离散度 SOC 含量数据的变化范围分别为 2.66~24.15 g/kg、2.66~24.15 g/kg、2.23~24.15 g/kg 和 2.23~22.24 g/kg，其均值分别为 11.11 g/kg、11.56 g/kg、10.88 g/kg 和 11.46 g/kg，最大波动幅度为 0.68 g/kg；四个离散度等级上土壤数据的 SOC 变异系数分别为 0.56、0.55、0.56 和 0.53。从统计结果来看，四个离散度等级之间的 SOC 含量均值和变异系数（CV）差异不大。

表 13-2 不同离散度的 SOC 含量统计特征（基于 3 次重复）

离散度	VMR	SOC 含量/（g/kg）				变异系数
		最小值	最大值	均值	标准差	
V_1	0.12	2.66	24.15	11.11	6.214	0.56
V_2	0.80	2.66	24.15	11.56	6.369	0.55
V_3	1.46	2.23	24.15	10.88	6.059	0.56
V_4	2.17	2.23	22.24	11.46	6.090	0.53

二、各样点离散度 SOC 含量的地统计分析

SOC 含量原始数据及去除土地利用均值后的残差数据的半方差理论模型及参数见表 13-3 和图 13-2（以 v_1、v_2、v_3 和 v_4 为例）。四个离散度等级 SOC 原始数据的半方差最优拟合模型分别为指数、球状、指数和指数模型，其块金值（C_0）分别为 0.28、0.31、0.54 和 0.56，基台值（Sill）分别为 1.10、1.06、1.09 和 1.06，相应的基台效应（C/Sill）分别为 0.74、0.71、0.50 和 0.47；从空间自相关程度来看，四个离散等级 SOC 数据在空间上均为中等程度自相关（Qiu et al., 2009）。从去除均值后的 SOC 残差数据来看，v_1 和 v_2 两个离散度的最优拟合模型均为球状模型，v_3 和 v_4 均为指数模型；其块金值（C_0）分别为 0.40、0.51、0.52 和 0.54，

表 13-3 SOC 原始数据和残差数据的半方差函数理论模型和参数

方法	VMR	分布	模型	C_0	Sill	C/Sill	变程/m	R^2
OK	v_1	正态分布	指数模型	0.28	1.10	0.74	3480	0.94
	v_2	正态分布	球状模型	0.31	1.06	0.71	2190	0.82
	v_3	正态分布	指数模型	0.54	1.09	0.50	3870	0.75
	v_4	正态分布	指数模型	0.56	1.06	0.47	2430	0.58
LUK	v_1	正态分布	球状模型	0.40	1.04	0.62	2170	0.96
	v_2	正态分布	球状模型	0.51	1.03	0.50	2030	0.88
	v_3	正态分布	指数模型	0.52	1.05	0.50	2340	0.79
	v_4	正态分布	指数模型	0.54	1.02	0.47	1830	0.42

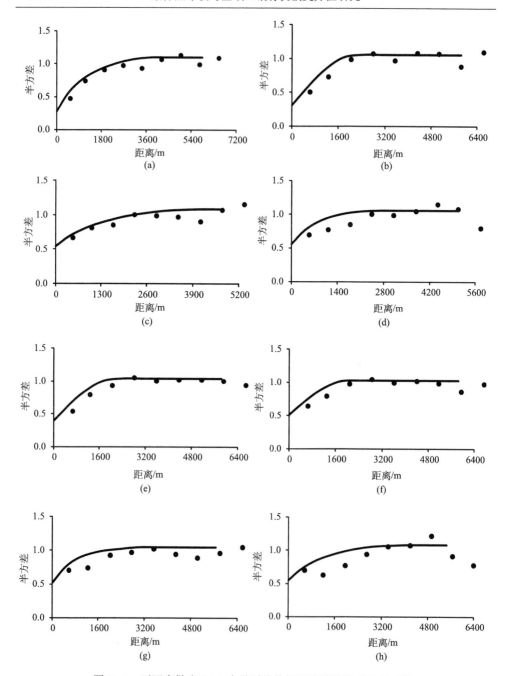

图 13-2 不同离散度 SOC 含量原始数据和残差数据半方差函数

(a)、(b)、(c) 和 (d) 均为原始数据半方差函数图,其离散等级分别为 v_1、v_2、v_3 和 v_4;(e)、(f)、(g) 和 (h) 均为残差数据的半方差函数,其离散等级分别为 v_1、v_2、v_3 和 v_4

相应的基台值（Sill）分别为 1.04、1.03、1.05 和 1.02，相应的基台效应（C/Sill）分别为 0.62、0.50、0.50 和 0.47，各离散度 SOC 含量残差数据在空间上也呈中等程度自相关。可见随着离散度的增加，SOC 含量及残差数据的基台效应值均呈降低趋势，表明影响 SOC 变异性的结构性因素降低，而随机影响因素增加，这将增加克里金方法空间预测的不确定性。同时，拟合理论模型的 R^2 也随离散度增加而降低，说明拟合模型的不确定性随离散度的增加呈升高趋势。

三、基于各离散度的 SOC 空间分布特征

基于 OK 和 LUK 方法得到的各离散度 SOC 含量空间分布如图 13-3 所示。首先，可以看出离散度采样点的 SOC 含量空间分布特征在趋势上有一定的相似之处，均表现为东北部含量高而西南部含量低，东北部部分区域 SOC 含量超过了 16.0 g/kg，而西南部大部分地区 SOC 含量不足 8.0 g/kg。SOC 含量较高的区域多为水田分布区，含量较低的区域多为旱地和林地分布区。由于水田农业产出效益较高，农业投入相对较多且多实行秸秆还田，使得水田的 SOC 含量维持在较高水平。相反，旱地的农业投入较少且土壤水分条件不利于秸秆还田，使得旱地和林地的 SOC 含量整体低于水田；该地区的林地多为 2000 年前后由坡耕地恢复而来，植被覆盖度和林下灌草生长状况均不及传统林区，其土壤 SOC 含量还有待提高。

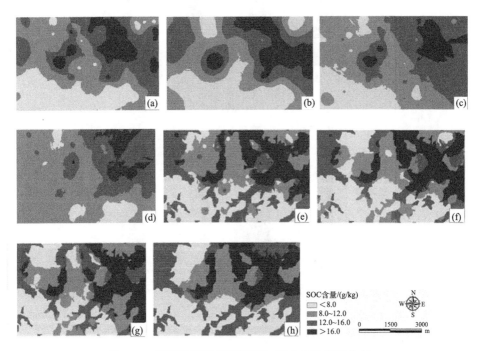

图 13-3 基于不同样点离散度的 SOC 含量空间分布

此外,通过对比发现各离散度 SOC 含量分布的细部特征存在较大差异。首先,两种克里金方法获得的 SOC 局部特征有较大差异,这与两种克里金方法的插值原理不同有关,OK 方法插值时未考虑各土地利用方式间的 SOC 含量差异,得到的 SOC 空间分布图斑连续规整,而考虑了土地利用方式间 SOC 差异性的 LUK 方法,得到的 SOC 分布与各土地利用方式的空间分布格局相一致,可较好地反映研究区 SOC 的真实分布;其次,同一种预测方法的局部 SOC 分布也存在较大差异,各 SOC 含量等级的分布格局和所占的面积比例均不相同,这与各离散度预测采样点的空间分布特征存在密切关系。

四、基于不同离散度的 SOC 空间预测不确定性

从 OK 和 LUK 方法的各离散度验证点的空间预测 MAE 和 RMSE 均值来看(图 13-4),LUK 方法的预测精度优于 OK 方法,两种方法的预测 MAE 和 RMSE 均

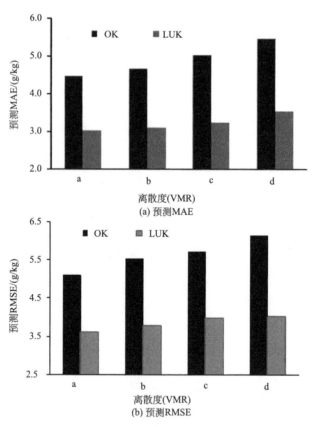

图 13-4 不同离散度采样点的 SOC 含量空间预测误差

横坐标中 a、b、c、d 分别表示 v_1、v_2、v_3、v_4 等级 3 次重复的平均插值误差

值随着离散度的增加均呈明显地增加趋势。其中基于 OK 方法的各离散度（$V_1 \sim V_4$） MAE 分别为 4.47 g/kg、4.65 g/kg、5.03 g/kg 和 5.46 g/kg，RMSE 分别为 5.10 g/kg、5.52 g/kg、5.70 g/kg 和 6.12 g/kg，其中 V_4 等级（VMR=2.17）的 MAE 和 RMSE 分别较 V_1 等级（VMR=0.12）增加了 22.1%和 20.0%。而基于 LUK 方法的各离散度（$V_1 \sim V_4$）MAE 分别为 3.02 g/kg、3.10 g/kg、3.24 g/kg 和 3.54 g/kg，RMSE 分别为 3.61 g/kg、3.79 g/kg、3.98 g/kg 和 4.02 g/kg，其中 V_4 等级的预测 MAE 和 RMSE 分别较 V_1 等级增加了 17.2%和 11.4%。这表明土壤采样点的空间离散程度对 SOC 空间预测的不确定性具有重要影响。

通过 48 个均匀分布的验证样点得到的预测误差（绝对误差 AE）的空间分布如图 13-5 所示。从图中可以看出，首先，图 13-5（a）～图 13-5（d）中的颜色较深的栅格整体上多于图 13-5（e）～图 13-5（f），可见 OK 方法的 SOC 预测误差

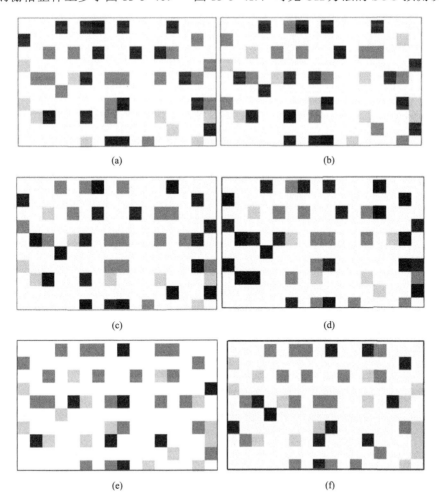

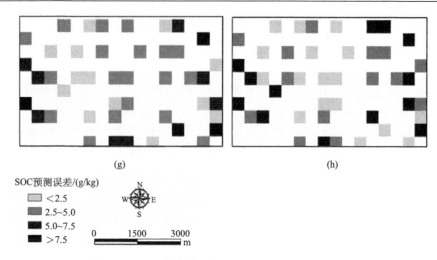

图 13-5 不同离散等级的 SOC 空间预测误差分布图

(a)~(d)为 OK 方法的预测误差,其样点离散度分别为 v_1~v_4;(e)~(h)为 LUK 方法的预测误差,其样点离散度分别为 v_1~v_4

整体高于 LUK 方法。其次,随着样点离散度的增加,采样点的分布越来越不均匀,高误差栅格呈明显增加趋势,且高误差值的分布与采样点稀疏区域基本一致,这表明采样点的分布特征对空间预测误差分布有较大影响。

第三节 样点离散度对揭示区域 SOC 空间变异的影响

一、样点离散度与区域 SOC 空间预测精度

基于地统计学原理的克里金方法是当前实现由有限采样点向区域拓展的最常用方法。本节通过四种离散度土壤采样点对揭示 SOC 空间变异性影响的对比分析表明,随着采样点离散度的增加,两种克里金方法均出现空间预测精度下降,预测结果的不确定性上升。尽管本研究中 V_4 等级离散度较 V_1 等级的 SOC 预测 MAE 仅分别增加了 22.1%(OK 方法)和 17.2%(LUK 方法),相应的 RMSE 分别仅增加了 20.0%(OK 方法)和 11.4%(LUK 方法),但考虑到野外土壤样品的采集、样品预处理及实验室分析等多个环节均有影响信息揭示的误差存在,这些误差的叠加无疑会降低获得 SOC 空间变异信息的可靠性。降低每个环节的误差是获得可靠区域 SOC 变异信息的前提。因此,在使用克里金方法获得区域 SOC 变异信息时,要清楚所使用采样点的空间分布情况可能对预测结果的影响,并尽量使用空间分布较为均匀的采样点进行插值以降低空间预测的不确定性。然而,在实际获取 SOC 空间信息时,多数人直接利用各种布点方法获得的土壤采样点通过克里金方法进行空间插值,对预测误差的分析通常从 SOC 的空间变异性大小及预

测方法本身特点等角度给予解释，而很少有人去考虑采样点的空间分布情况可能也是影响 SOC 空间预测精度的重要因素。

二、样点离散度对不同空间预测方法的影响

尽管采样点离散度对克里金方法的空间预测精度有着重要影响，但是不同克里金方法的插值精度对样点离散度变化的响应存在差异。本研究分析表明随着离散度的增加，OK 方法的平均误差增加较多，而 LUK 方法的误差增加较小，可以看出样点离散度对 OK 方法的精度影响较大，而对 LUK 方法精度的影响相对较小，即 OK 方法较 LUK 方法对样点离散度的变化更加敏感。OK 方法由于未考虑不同土地利用方式间 SOC 含量存在的较大差异，对待估点进行插值时会造成较强的平滑效应，即高值被低估和低值被高估，从而降低区域整体预测精度；同时，随着离散程度的增加，土壤采样点空间分布均匀度降低，部分区域的采样点变得较为稀少，代表性变差，用其进行局部估算时，误差会大幅提高进而增加整个研究区预测的不确定性。而 LUK 方法通过区别对待各土地利用方式，剔除了土地利用方式不同带来的结构性变异对区域化变量（SOC 含量）空间估算的影响，从而降低了平滑效应，提高了区域整体预测精度；同时，随着采样点空间离散度的升高，部分区域的采样点也会减少而不利于空间预测，但每个待估点的 SOC 含量预测值是由其土地利用方式均值和残差预测值两部分组成的，通过土地利用方式均值可在较大程度上保证估计值误差不至于过高，从而减缓 SOC 空间预测精度受样点离散度升高带来的不利影响。可见，结合红壤区土地利用方式作为辅助信息的 LUK 方法不仅可较大幅度的提高 SOC 的空间预测精度，而且随着采样点离散度的增加，对 SOC 空间预测精度的降幅低于 OK 方法。当前，克里金方法已经衍生出多种方法，各种方法在空间计算原理上存在差异，其空间预测精度受样点离散度的影响理应不同，关于不同克里金方法对样点离散度的敏感程度需要进一步开展研究。

本研究对采样点空间分布特征对 SOC 空间预测结果的影响开展研究，得出了四种离散度下两种克里金方法对 SOC 空间预测的精度，并揭示了预测精度随离散度的变化规律。关于样点离散度对其他多种空间预测方法的影响机理及量化表征，将在后续研究中深入探讨；另外，本研究以 SOC 这一重要的土壤属性为研究对象，分析了采样点的空间离散程度对揭示其变异性的影响，而对同样可视作区域化变量的其他土壤属性的揭示，与采样点离散程度之间的关系也值得进一步探讨。这些研究结果对土壤属性空间变异性的高精度揭示和区域采样理论研究具有重要参考意义。

第四节 本 章 小 结

  由不同离散度采样点对 SOC 空间分布的预测结果的影响来看,土壤采样点空间分布的离散程度对克里金方法的 SOC 空间预测有重要影响。研究表明随着采样点离散度的增加,OK 和 LUK 两种克里金方法对区域 SOC 空间变异性的预测精度均呈下降趋势,说明空间均匀分布的土壤采样点有利于克里金方法的空间运算,获得区域 SOC 空间变异信息的不确定较小,而空间分布均匀性较差的采样点通常会使获得 SOC 空间变异信息的不确定性上升。此外,采样点离散度对不同克里金方法预测精度的影响程度存在差异,其中对 OK 方法的影响较 LUK 方法大,表明不同克里金方法的原理不同,其对采样点空间离散度变化的响应不同。因此,在进行区域 SOC 空间预测时,土壤采样点的空间离散程度和空间预测方法的选择都是需要考虑的重要问题。

参 考 文 献

曹志洪, 周健民. 2008. 中国土壤质量. 北京: 科学出版社.

柴旭荣, 黄元仿, 苑小勇, 等. 2008. 利用高程辅助进行土壤有机质的随机模拟. 农业工程学报, 24(12): 210-214.

陈朝, 吕昌河, 范兰, 等. 2011. 土地利用变化对土壤有机碳的影响研究进展. 生态学报, 31(18): 5358-5371.

陈怀满. 2005. 环境土壤学. 北京: 科学出版社.

邓万刚, 吴蔚东, 陈明智, 等. 2008. 土地利用方式及母质对土壤有机碳的影响. 生态环境学报, 17(3): 1130-1134.

杜臣昌. 2017. 基于GIS的土壤环境监测信息分析与评价研究. 武汉: 武汉大学.

傅伯杰, 陈利顶, 马克明. 1999. 黄土丘陵区小流域土地利用变化对生态环境的影响——以延安市羊圈沟流域为例. 地理学报, 54(3): 241-246.

盖均镒. 2000. 试验统计方法. 北京: 中国农业出版社: 376.

龚元石, 廖超子, 李保国. 1998. 土壤含水量和容重的空间变异及其分形特征. 土壤学报, 1: 10-15.

郭旭东, 傅伯杰. 2000. 河北省遵化平原土壤养分的时空变异特征: 变异函数与Kriging插值分析. 地理学报, 1(5): 555-566.

胡克林, 李保国, 林启美, 等. 1999. 农田土壤养分的空间变异性特征. 农业工程学报, 15(3): 33-38.

胡克林, 余艳, 张凤荣, 等. 2006. 北京郊区土壤有机质含量的时空变异及其影响因素. 中国农业科学, 39(4): 764-771.

黄昌勇, 徐建明. 2010. 土壤学. 北京: 中国农业出版社.

贾宇平, 苏志珠, 段建南. 2004. 黄土高原沟壑区小流域土壤有机碳空间变异. 水土保持学报, 18(1): 31-34.

江西省余江县土壤普查办公室. 1986. 江西省余江县土种志. 余江.

姜成晟, 王劲峰, 曹志冬. 2009. 地理空间抽样理论研究综述. 地理学报, 64(3): 368-380.

李玲, 陈伟强, 江辉, 等. 2007. 3S在土壤布点与采样中的应用. 中国农学通报, 23(6): 388-391.

李柳霞, 沈方科, 赵凤芝, 等. 2007. 柚子园主要土壤肥力属性空间变异及合理取样数研究. 广西农业科学, 38(4): 433-436.

李树文, 史建武, 周继红. 2007. 近地面大气污染模拟模型的建立与应用研究. 环境科学与技术, 30(2): 29-31.

李甜甜, 季宏兵, 孙媛媛, 等. 2007. 我国土壤有机碳储量及影响因素研究进展. 首都师范大学学报(自然科学版), 28(1): 93-97.

李翔, 潘瑜春, 赵春江, 等. 2007. 利用不同方法估测土壤有机质及其对采样数的敏感性分析. 地理科学, 27(5): 689-694.

李增强, 赵炳梓, 张佳宝. 2014. 土地利用和轮作方式对旱地红壤生化性质的影响. 土壤, 46(1):

53-59.

李忠佩, 刘明, 江春玉. 2015. 红壤典型区土壤中有机质的分解、积累与分布特征研究进展. 土壤, 47(2): 220-228.

李忠佩, 唐永良. 2002. 不同轮作措施下瘠薄红壤中碳氮积累特征. 中国农业科学, 35(10): 1236-1242.

李忠佩, 张桃林, 陈碧云, 等. 2003. 红壤稻田土壤有机质的积累过程特征分析. 土壤学报, 40(3): 344-352.

李忠佩, 张桃林, 陈碧云. 2006. 江西余江县高产水稻土有机碳和养分含量变化. 中国农业科学, 39(2): 324-330.

李子忠, 龚元石. 2000. 农田土壤水分和电导率空间变异性及确定其采样数的方法. 中国农业大学学报, 5(5): 59-66.

刘付程, 史学正, 于东升. 2006. 太湖流域典型地区土壤酸度的空间变异特征研究. 安徽师范大学学报(自然科学版), 29(5): 480-483.

龙军, 张黎明, 沈金泉, 等. 2014. 复杂地貌类型区耕地土壤有机质空间插值方法研究. 土壤学报, 51(6): 1270-1281.

鲁如坤. 2000. 土壤农业化学分析方法. 北京: 中国农业科技出版社.

潘根兴, 周萍, 张旭辉, 等. 2006. 不同施肥对水稻土作物碳同化与土壤碳固定的影响——以太湖地区黄泥土肥料长期试验为例. 生态学报, 26(11): 3704-3710.

秦静, 孔祥斌, 姜广辉, 等. 2008. 北京典型边缘区25年来土壤有机质的时空变异特征. 农业工程学报, 24(3): 124-129.

秦耀东. 1992. 土壤空间变异研究中的定量分析. 地球科学进展, 7(1): 44.

邱扬, 傅伯杰, 陈利顶, 等. 2002. 黄土丘陵小流域土壤物理性质的空间变异. 地理学报, 1(5): 587-594.

邱扬, 傅伯杰, 王军, 等. 2001. 黄土丘陵小流域土壤水分空间预测的统计模型. 地理研究, 1(6): 739-751.

邵学新, 顾志权, 李意坚, 等. 2007. 苏南典型地区土壤中有机氯农药残留的空间分布及来源分析. 矿物岩石地球化学通报, 26(4): 366-370.

沈宏, 曹志洪. 1998. 长期施肥对不同农田生态系统土壤有效碳库及碳素有效率的影响. 热带亚热带土壤科学, 7(1): 1-5.

沈宏, 曹志洪, 胡正义. 1999. 土壤活性有机碳的表征及其生态效应. 生态学杂志, 18(3): 32-38.

史舟, 李艳. 2006. 地统计学在土壤学中的应用. 北京: 中国农业出版社.

苏晓燕, 赵永存, 杨浩, 等. 2011. 不同采样点数量下土壤有机质含量空间预测方法对比. 地学前缘, 18(6): 34-40.

汤国安. 2006. ArcGIS地理信息系统空间分析实验教程. 北京: 科学出版社.

田均良, 李雅琦, 陈代中. 1991. 中国黄土元素背景值分异规律研究. 环境科学学报, 11(3): 253-262.

王丹丹, 史学正, 于东升, 等. 2009. 东北地区旱地土壤有机碳密度的主控自然因素研究. 生态环境学报, 18(3): 1049-1053.

王宏斌, 杨青, 刘志杰, 等. 2006. 利用计算机模拟采样确定合理的土壤采样密度(英文). 农业工程学报, 22(8): 145-148.

王江萍, 马民涛, 张菁. 2009. 趋势面分析法在环境领域中应用的评述及展望. 环境科学与管理, 34(1): 1-5.

王劲峰, 廖一兰, 刘鑫. 2010. 空间数据分析教程. 北京: 科学出版社.

王珂, 沈掌泉, John S, 等. 2001. 精确农业田间土壤空间变异与采样方式研究. 农业工程学报, 17(2): 33-36.

王其兵, 李凌浩, 刘先华, 等. 1998. 内蒙古锡林河流域草原土壤有机碳及氮素的空间异质性分析. 植物生态学报, 22(5): 26-31.

王绍强, 刘纪远. 2002. 土壤碳蓄积量变化的影响因素研究现状. 地球科学进展, 17(4): 528-534.

王绍强, 周成虎, 李克让, 等. 2000. 中国土壤有机碳库及空间分布特征分析. 地理学报, 55(5): 533-544.

王淑英, 路苹, 王建立, 等. 2008. 不同研究尺度下土壤有机质和全氮的空间变异特征——以北京市平谷区为例. 生态学报, 28(10): 4957-4964.

王小利, 苏以荣, 黄道友, 等. 2006. 土地利用对亚热带红壤低山区土壤有机碳和微生物碳的影响. 中国农业科学, 39(4): 750-757.

王心枢, 李廷芳. 1985. 北京平原地区土壤铜背景图的计算机绘制. 环境科学学报, 5(4): 439-447.

王政权. 1999. 地统计学及在生态学中的应用. 北京: 科学出版社.

徐吉炎, 韦甫斯特 R. 1983. 土壤调查数据地域统计的最佳估值研究——彰武县表层土全氮量的半方差图和块状 Kriging 估值. 土壤学报, 4: 419-430.

徐尚平, 陶澍, 曹军. 2001. 内蒙古土壤 pH 值、粘粒和有机质含量的空间结构特征. 土壤通报, 32(4): 145-148.

许泉, 芮雯奕, 何航, 等. 2006. 不同利用方式下中国农田土壤有机碳密度特征及区域差异. 中国农业科学, 39(12): 2505-2510.

杨开宝, 李景林, 郭培才, 等. 1999. 黄土丘陵区第 I 副区梯田断面水分变化规律. 土壤侵蚀与水土保持学报, 2: 65-70.

杨俐苹. 2000. 评价区域性土壤肥力的取样技术的回顾与展望. 土壤肥料, 1: 3-8.

杨文, 周脚根, 王美慧, 等. 2015. 亚热带丘陵小流域土壤碳氮磷生态计量特征的空间分异性. 土壤学报, 52(6): 1336-1344.

杨玉玲, 文启凯, 田长彦, 等. 2001. 土壤空间变异研究现状及展望. 干旱区研究, 18(2): 50-55.

姚丽贤, 周修冲, 蔡永发, 等. 2004. 不同采样密度下土壤特性的空间变异特征及其推估精度研究. 土壤, 36(5): 538-542.

曾伟, 陈雪萍, 王珂. 2006. 基于地统计学和 GIS 的低丘红壤养分空间变异及其分布研究——以龙游县低丘红壤为例. 浙江林业科技, 26(3): 1-6.

张凤荣. 2002. 土壤地理学. 北京: 中国农业出版社.

张慧文, 马剑英, 张自文, 等. 2009. 地统计学在土壤科学中的应用. 兰州大学学报(自科版), 45(6): 14-20.

张仁铎. 2005. 空间变异理论及应用. 北京: 科学出版社.

张世熔, 孙波, 赵其国, 等. 2007. 南方丘陵区不同尺度下土壤氮素含量的分布特征. 土壤学报, 44(5): 885-892.

张勇, 史学正, 于东升, 等. 2008b. 属性数据与空间数据连接对土壤有机碳储量估算的影响. 地球科学进展, (8): 840-847.

张勇, 史学正, 赵永存, 等. 2008a. 滇黔桂地区土壤有机碳储量与影响因素研究. 环境科学, (8): 2314-2319.

张忠启, 史学正, 于东升, 等. 2010. 红壤区土壤有机质和全氮含量的空间预测方法. 生态学报, 30(19): 5338-5345.

赵春生, 张佳宝, 杨苑璋, 等. 1995. 土壤特性空间变异研究的定量方法——时域分析和频谱分析. 土壤学进展, 23(5): 45-51.

赵娜娜, 黄启飞, 王琪, 等. 2007. 滴滴涕在我国典型POPs污染场地中的空间分布研究. 环境科学学报, 27(10): 1669-1674.

赵其国, 龚子同. 1989. 土壤地理研究法. 北京: 科学出版社.

赵伟, 谢德体, 刘洪斌, 等. 2008. 精准农业中土壤养分分析的适宜取样数量的确定. 中国生态农业学报, 16(2): 318-322.

赵永存. 2005. 土壤属性表征的空间尺度效应和不确定性研究——以河北省土壤有机碳为例. 中国科学院研究生院.

赵永存, 史学正, 于东升, 等. 2005. 不同方法预测河北省土壤有机碳密度空间分布特征的研究. 土壤学报, 42(3): 379-385.

周广胜, 王玉辉, 蒋延玲, 等. 2002. 陆地生态系统类型转变与碳循环. 植物生态学报, 26(2): 250-254.

周江明, 徐大连, 薛才余. 2002. 稻草还田综合效益研究. 中国农学通报, 18(4): 7-10.

周莉, 李保国, 周广胜. 2005. 土壤有机碳的主导影响因子及其研究进展. 地球科学进展, 20(1): 99-105.

Addis H K, Klik A, Strohmeier S. 2016. Performance of frequently used interpolation methods to predict spatial distribution of selected soil properties in an agricultural watershed in Ethiopia. Applied Engineering In Agriculture, 32(5): 617-626.

Arrouays D, Vion I, Kicin J L. 1995. Spatial analysis and modeling of topsoil carbon storage in temperate forest humic loamy soils of France. Soil Science, 159(3): 191-198.

Arslan H. 2012. Spatial and temporal mapping of groundwater salinity using ordinary Kriging and indicator Kriging: The case of Bafra Plain, Turkey. Agricultural Water Management, 113(10): 57-63.

Bahri A, Berndtsson R. 1996. Nitrogen source impact on the spatial variability of organic carbon and nitrogen in soil. Soil Science, 161(3): 288-297.

Batjes N H. 1996. Total carbon and nitrogen in the soils of the world. European Journal of Soil Science, 65(1SI): 10-21.

Bayramin I, Basaran M, Erpul G, et al. 2009. Comparison of soil organic carbon content, hydraulic conductivity, and particle size fractions between a grassland and a nearby black pine plantation of 40 years in two surface depths. Environmental Geology, 56(8): 1563-1575.

Bell J C, Cunningham R L, Havens M W. 1994. Soil drainage class probability mapping using a soil-landscape model. Soil Science Society of America Journal, 58(2): 464-470.

Bellamy P H, Loveland P J, Bradley R I, et al. 2005. Carbon losses from all soils across England and Wales 1978-2003. Nature, 437(7056): 245-248.

Berger T W, Neubauer C, Glatzel G. 2002. Factors controlling soil carbon and nitrogen stores in pure stands of Norway spruce (Picea abies) and mixed species stands in Austria. Forest Ecology & Management, 159(1): 3-14.

Bhatta K P, Chaudhary R P, Vetaas O R. 2012. A comparison of systematic versus stratified-random sampling design for gradient analyses: A case study in subalpine Himalaya, Nepal. Phytocoenologia, 42(3-4): 191-202.

Bhupinderpal-Singh, Hedley M J, Saggar S, et al. 2004. Chemical fractionation to characterize changes in sulphur and carbon in soil caused by management. European Journal of Soil Science, 55(1): 79-90.

Bolin B. 1977. Changes of land biota and their importance for the carbon cycle. Science, 196(4290): 613-615.

Bourennane H, King D. 2003. Using multiple external drifts to estimate a soil variable. Geoderma, 114(1-2): 1-18.

Bourennane H, King D, Chery P, et al. 1996. Improving the Kriging of a soil variable using slope gradient as external drift. European Journal of Soil Science, 47(4): 473-483.

Bourennane H, King D, Couturier A. 2000. Comparison of Kriging with external drift and simple linear regression for predicting soil horizon thickness with different sample densities. Geoderma, 97(3): 255-271.

Bourennane H, King D, Chéry P, et al. 2010. Improving the kriging of a soil variable using slope gradient as external drift[J]. European Journal of Soil Science, 47(4): 473-483.

Brogniez D D, Ballabio C, Stevens A, et al. 2015. A map of the topsoil organic carbon content of Europe generated by a generalized additive model. European Journal of Soil Science, 66(1): 121-134.

Brus D J, Gruijter J J D. 1997. Random sampling or geostatistical modelling? Choosing between design-based and model-based sampling strategies for soil (with discussion). Geoderma, 80(1-2): 1-44.

Brus D J, Spatjens L, Gruijter J J. 1999. A sampling scheme for estimating the mean extractable phosphorus concentration of fields for environmental regulation. Geoderma, 89(1-2): 129-148.

Burgess T M, Webster R. 2010. Optimal interpolation and isarithmic mapping of soil properties. European Journal of Soil Science, 31(2): 333-341.

Campbell J B. 1978. Spatial variation of sand content and pH within single contiguous delineations of two soil mapping units. Soil Science Society of America Journal, 42(3): 460-464.

Chai X R, Shen C Y, Yan X Y, et al. 2008. Spatial prediction of soil organic matter in the presence of different external trends with REML-EBLUP. Geoderma, 148(2): 159-166.

Chaplot V, Bouahom B, Valentin C. 2010. Soil organic carbon stocks in Laos: Spatial variations and controlling factors. Global Change Biology, 16: 1380-1393.

Cheng W, Padre A T, Sato C, et al. 2016. Changes in the soil C and N contents, C decomposition and N mineralization potentials in a rice paddy after long-term application of inorganic fertilizers and organic matter. Soil Science and Plant Nutrition, 62(2): 212-219.

Cipra J E, Bidwell O W, Whitney D A, et al. 1972. Variations with distance in selected fertility measurements of pedons of western Kansas Ustoll1. Soil Science Society of America Journal, 36(1): 111.

Cochran W G. 1977. Sampling Technique. John Wiley & Sons: Hoboken N J, USA, 2007.

Cohen J. 1990. Statistical Methods In Soil And Land Resource Survey. New York: Oxford University Press.

Conant R T, Paustian K. 2002. Spatial variability of soil organic carbon in grasslands: implications for detecting change at different scales. Environmental Pollution, 116(Suppl 1): S127-S135.

Curran P J, Williamson H D. 1986. Sample size for ground and remotely sensed data. Remote Sensing of Environment, 20(1): 31-41.

Curtin D, Beare M H, Hernandezramirez G. 2012. Temperature and moisture effects on microbial biomass and soil organic matter mineralization. Soil Science Society of America Journal, 76(6): 2055.

Dai W, Huang Y. 2006. Relation of soil organic matter concentration to climate and altitude in zonal soils of China. Catena, 65(1): 87-94.

Dai W, Zhao K, Fu W, et al. 2018. Spatial variation of organic carbon density in topsoils of a typical subtropical forest, southeastern China. CATENA, 167: 181-189.

Darilek J L, Huang B, Wang Z, et al. 2009. Changes in soil fertility parameters and the environmental effects in a rapidly developing region of China. Agriculture Ecosystems & Environment, 129(1): 286-292.

Davies B E, Gamm S A. 1970. Trend surface analysis applied to soil reaction values from Kent, England. Geoderma, 3(3): 223-231.

Davis A A, Stolt M H, Compton J E. 2004. Spatial distribution of soil carbon in southern New England hardwood forest landscapes. Soil Science Society of America Journal, 68(3): 895-903.

Ding X, Han X, Liang Y, et al. 2012. Changes in soil organic carbon pools after 10 years of continuous manuring combined with chemical fertilizer in a Mollisol in China. Soil & Tillage Research, 122: 36-41.

Doran J W, Jones A. J, Arshad M A, et al. 1999. Determinants of soil quality and health. Chapter 2. // Lal R. Soil Quality and Soil Erosion, Boca Raton, Florida: CRC Press, 17-36.

Duffera M, White J G, Weisz R. 2007. Spatial variability of Southeastern U. S. Coastal Plain soil physical properties: Implications for site-specific management. Geoderma, 137(3): 327-339.

Edmonds W J, Campbell J B. 1984. Spatial estimates of soil temperature. Soil Science, 138(3): 203-208.

Emery X. 2008. Uncertainty modeling and spatial prediction by multi-Gaussian Kriging: Accounting for an unknown mean value. Computers & Geosciences, 34(11): 1431-1442.

Eswaran H, Vandenberg E, Reich P. 1993. Organic-carbon in soils of the world. Soil Science Society of America Journal, 57(1): 192-194.

Fisher R A. 1956. Statistical Methods and Scientific Inference. London: Oliver and Boyd.

Flatman G T, Yfantis A A. 1984. Geostatistical strategy for soil sampling: The survey and the census. Environmental Monitoring & Assessment, 4(4): 335.

Florinsky I V, Eilers R G, Manning G R, et al. 2002. Prediction of soil properties by digital terrain modelling. Environmental Modelling & Software, 17(3): 295-311.

Frogbrook Z L, Bell J, Bradley R I, et al. 2010. Quantifying terrestrial carbon stocks: examining the spatial variation in two upland areas in the UK and a comparison to mapped estimates of soil carbon. Soil Use & Management, 25(3): 320-332.

Gallardo A, Parama R. 2007. Spatial variability of soil elements in two plant communities of NW Spain. Geoderma, 139(1): 199-208.

Giardina C P, Ryan M G, Hubbard R M, et al. 2001. Tree species and soil textural controls on carbon and nitrogen mineralization rates. Soil Science Society of America Journal, 65(4): 1272-1279.

Goidts E, van Wesemael B. 2007. Regional assessment of soil organic carbon changes under agriculture in Southern Belgium (1955-2005). Geoderma, 141(3-4): 341-354.

Gong W, Yan X Y, Wang J Y, et al. 2009. Long-term manure and fertilizer effects on soil organic matter fractions and microbes under a wheat-maize cropping system in northern China. Geoderma, 149(3): 318-324.

Goovaerts P. 1997. Geostatistics for natural resources evaluation. New York: Oxford Univ. Press: 483.

Goovaerts P. 1999. Geostatistics in soil science: State-of-the-art and perspectives. Geoderma, 89(1-2): 1-45.

Goulard M, Voltz M. 1992. Linear coregionalization model: Tools for estimation and choice of cross-variogram matrix. Mathematical Geology, 24(3): 269-286.

Greenholtz D E, Jim Yeh T C, Nasch S B, et al. 1988. Geostatistical analysis of soil hydrologic properties in a field plot. Journal of Contaminant Hydrology, 3: 227-250.

Gregorich E G, Carter M R, Angers D A, et al. 1994. Towards a minimum data set to assess soil organic-matter quality in agricultural soils. Canadian Journal of Soil Science, 74(4): 367-385.

Gregorich E G, Drury C F, Baldock J A. 2001. Changes in soil carbon under long-term maize in monoculture and legume-based rotation. Revue Canadienne De La Science Du Sol, 81(1): 21-31.

Grossman R B, Harms D S, Kuzila M S, et al. 1998. Organic carbon in deep alluvium in Southeast Nebraska and Northeast Kansas. : 45-55.

Guo Y, Amundson R, Gong P, et al. 2006. Quantity and spatial variability of soil carbon in the conterminous United States. Soil Science Society of America Journal, 70(2): 590-600.

Haining R. 2003. Spatial Data Analysis: Theory And Practice. Cambridge: Cambridge University Press.

Hald A. 1960. Statistical Theory with Engineering Applications, New York: John Willey & Sons.

Hedley C B, Payton I J, Lynn I H, et al. 2012. Random sampling of stony and non-stony soils for testing a national soil carbon monitoring system. Soil Research, 50(50): 18-29.

Heim A, Wehrli L, Eugster W, et al. 2009. Effects of sampling design on the probability to detect soil carbon stock changes at the Swiss CarboEurope site Lägeren. Geoderma, 149(3): 347-354.

Hoffmann U, Hoffmann T, Jurasinski G, et al. 2014. Assessing the spatial variability of soil organic carbon stocks in an alpine setting(Grindelwald, Swiss Alps). Geoderma, 232: 270-283.

Homann P S, Kapchinske J S, Boyce A. 2007. Relations of mineral-soil C and N to climate and texture: Regional differences within the conterminous USA. Biogeochemistry, 85(3): 303-316.

Homann P S, Sollins P, Chappell H N, et al. 1995. Soil organic carbon in a mountainous, forested region: Relation to site characteristics. Soil Science Society of America, 59(5): 1468-1475.

Hontoria C, Rodriguez-Murillo J C, Saa A. 1999. Relationships between soil organic carbon and site characteristics in peninsular Spain. Soil Science Society of America Journal, 63(3): 614-621.

Hounkpatin O K L, de Hipt F O, Bossa A Y, et al. 2018. Soil organic carbon stocks and their determining factors in the Dano catchment(Southwest Burkina Faso). Catena, 166.

Huang B, Sun W X, Zhao Y C, et al. 2007. Temporal and spatial variability of soil organic matter and total nitrogen in an agricultural ecosystem as affected by farming practices. Geoderma, 139(3): 336-345.

Hudson G, Wackernagel H. 1994. Mapping temperature using kriging with external drift: Theory and an example from scotland. International Journal of Climatology, 14(1): 77-91.

IPCC. 2013. Climate Change 2013: The Physical Science Basis. Cambridge: Cambridge University Press.

Jenkinson D S, Adams D E, Wild A. 1991. Model estimates of CO_2 emissions from soil in response to global warming. Nature, 351(6324): 304-306.

Jiao J G, Yang L Z, Wu J X, et al. 2010. Land use and soil organic carbon in China's village landscapes. Pedosphere, 20(1): 1-14.

Jobbágy E G, Jackson R B. 2000. The vertical distribution of soil organic carbon and its relation to climate and vegetation. Ecological Applications, 10(2): 423-436.

Kerry R, Goovaerts P, Rawlins B G, et al. 2012. Disaggregation of legacy soil data using area to point kriging for mapping soil organic carbon at the regional scale. Geoderma, 170: 347-358.

Kerry R, Oliver M A. 2003. Variograms of ancillary data to aid sampling for soil surveys. Precision Agriculture, 4(3): 261-278.

Kerry R, Oliver M A. 2004. Average variograms to guide soil sampling. International Journal of Applied Earth Observation & Geoinformation, 5(4): 307-325.

Kerry R, Oliver M A. 2007. Comparing sampling needs for variograms of soil properties computed by the method of moments and residual maximum likelihood. Geoderma, 140(4): 383-396.

Kiss J J, Jong E D, Martz L W. 1988. The distribution of fallout cesium137 in southern Saskatchewan, Canada. Journal of Environmental Quality, 17(3): 445-452.

Knotters M, Brus D J, Voshaar J H O. 1995. A comparison of Kriging, co-Kriging and Kriging combined with regression for spatial interpolation of horizon depth with censored observations. Geoderma, 67(3): 227-246.

Krami L K, Amiri F, Sefiyanian A, et al. 2013. Spatial patterns of heavy metals in soil under different geological structures and land uses for assessing metal enrichments. Environmental Monitoring & Assessment, 185(12): 9871-9888.

Kravchenko A N. 2003. Influence of spatial structure on accuracy of interpolation methods. Soil Science Society of America Journal, 67(5): 1564-1571.

Kumar N, Velmurugan A, Hamm N A S, et al. 2018. Geospatial mapping of soil organic carbon using regression Kriging and Remote Sensing. Journal of the Indian Society of Remote Sensing, 46(3): 1-12.

Kumar S, Lal R, Liu D. 2012. A geographically weighted regression kriging approach for mapping soil organic carbon stock. Geoderma, 189-190(6): 627-634.

Kumar S, Singh R P. 2016. Spatial distribution of soil nutrients in a watershed of Himalayan landscape using terrain attributes and geostatistical methods. Environmental Earth Sciences, 75(6): 473.

Kuzel S, Nydl V, Kolar L, et al. 1994. Spatial variability of cadmium, pH, organic-matter in soil and its dependence on sampling scales. Water Air and Soil Pollution, 78(1-2): 51-59.

Lagacherie P, Holmes S. 1997. Addressing geographical data errors in a classification tree for soil unit prediction. International Journal of Geographical Information Systems, 11(2): 183-198.

Lal R. 1976. No-tillage effects on soil properties under different crops in western Nigeria. Soil Science Society of America Journal, 40(5): 762-768.

Lal R. 1986. Conversion of tropical rainforest: Agronomic potential and ecological consequences. Advances in Agronomy, 39(1): 173-264.

Lal R. 1999. World soils and greenhouse effect. IGBP Global Change Newsletter, 37: 4-5.

Lal R. 2004. Soil carbon sequestration to mitigate climate change. Geoderma, 123(1-2): 1-22.

Lal R, Kimble J M. 1997. Conservation tillage for carbon sequestration. Nutrient Cycling in Agroecosystems, 49(1-3): 243-253.

Lal R, Kimble J M, Levine E, et al. 1995. World soils and greenhouse effect: an overview//Soils Change. Boca Raton, FL: CRC Press, 1-8.

Lamé F, Honders T, Derksen G, et al. 2005. Validated sampling strategy for assessing contaminants in soil stockpiles. Environmental Pollution, 134(1): 5-11.

Lark R M, Cullis B R, Welham S J. 2006. On spatial prediction of soil properties in the presence of a spatial trend: The empirical best linear unbiased predictor (E-BLUP) with REML. European Journal of Soil Science, 57(6): 787-799.

Lark R M, Webster R. 2010. Geostatistical mapping of geomorphic variables in the presence of trend. Earth Surface Processes & Landforms, 31(7): 862-874.

Li Y, Shi Z, Wu C F, et al. 2007. Improved prediction and reduction of sampling density for soil salinity by different geostatistical methods. Agricultural Sciences in China, 6(7): 832-841.

Liu D W, Wang Z M, Zhang B, et al. 2006b. Spatial distribution of soil organic carbon and analysis of related factors in croplands of the black soil region, Northeast China. Agriculture Ecosystems & Environment, 113(1): 73-81.

Liu N, Wang Y J, Wang Y Q, et al. 2016. Tree species composition rather than biodiversity impacts forest soil organic carbon of Three Gorges, southwestern China. Nature Conservation-Bulgaria, (14): 7-24.

Liu T L, Juang K W, Lee D Y. 2006a. Interpolating soil properties using Kriging combined with categorical information of soil maps. Soil Science Society of America Journal, 70(4): 1200-1209.

Luis R L, Antonio M C. 2015. Modelling and mapping organic carbon content of topsoils in an Atlantic area of southwestern Europe (Galicia, NW-Spain). Geoderma, 245: 65-73.

Matheron G. 1973. The intrinsic random functions and their applications. Advances in Applied

Probability, 5(3): 439-468.

McBratney A B, Webster R. 1981. Spatial dependence and classification of the soil along a transect in northeast Scotland. Geoderma, 26(1): 63-82.

McBratney A B, Webster R. 1983. Optimal interpolation and isarithmic mapping of soilproperties: V. Co-regionalization and multiple sampling strategy. Journal of Soil Science, 34: 137-162.

Meersmans J, Wesemael B, Ridder F, et al. 2009. Changes in organic carbon distribution with depth in agricultural soils in northern Belgium, 1960-2006. Glob Chang Biol, 15: 2739-750.

Meul M, Meirvenne M V. 2003. Kriging soil texture under different types of nonstationarity. Geoderma, 112(3): 217-233.

Mishra U, Lal R, Slater B, et al. 2009. Predicting soil organic carbon stock using profile depth distribution functions and ordinary Kriging. Soil Science Society of America Journal, 73(2): 614-621.

Momtaz H R, Jafarzadeh A A, Torabi H, et al. 2009. An assessment of the variation in soil properties within and between landform in the Amol region, Iran. Geoderma, 149(1): 10-18.

Moore I D, Gessler P E, Nielsen G A, et al. 1993. Soil attribute prediction using terrain analysis. Soil Science Society of America Journal, 57: 443-452.

Mueller T, Pierce F. 2003. Soil carbon maps : Enhancing spatial estimates with simple terrain attributes at multiple scales. Soil Science Society of America Journal, 67(1): 258-267.

Navarrete I A, Tsutsuki K. 2008. Land-use impact on soil carbon, nitrogen, neutral sugar composition and related chemical properties in a degraded Ultisol in Leyte, Philippines. Soil Science and Plant Nutrition, 54: 321-331.

Nelson D W, Sommers L E. 1982. Total carbon, organic carbon, and organic matter //Methods of Soil Analysis, Part2-Chemical and Microbiological Properties, ASA-SSSA: Madison, WI, USA, 539-594.

Nelson D W, Sommers L E, Sparks D L, et al. 1996. Total carbon, organic carbon, and organic matter. Methods of Soil Analysis, 9: 961-1010.

Nyssen J, Temesgen H, Lemenih M, et al. 2008. Spatial and temporal variation of soil organic carbon stocks in a lake retreat area of the Ethiopian Rift Valley. Geoderma, 146(1): 261-268.

Oades J M. 1988. The retention of organic matter in soils. Biogeochemistry, 5(1): 35-70.

Odeh I O A, Mcbratney A B, Chittleborough D J. 1994. Spatial prediction of soil properties from landform attributes derived from a digital elevation model. Geoderma, 63(3-4): 197-214.

Odeh I O A, Mcbratney A B, Chittleborough D J. 1995. Further results on prediction of soil properties from terrain attributes: heterotopic cokriging and regression-Kriging. Geofisica Internacional, 67(3-4): 215-226.

Onofiok O E. 1993. Determining spatial and temporal variations of organic matter in a tropical soil using different sampling schemes. Plastic Surgical Nursing Official Journal of the American Society of Plastic & Reconstructive Surgical Nurses, 15(1): 49-50.

Oyedele D J, Schjonning P, Sibbesen E, et al. 1987. Aggregation and organic matter fractions of three Nigerian soils as affected by soil disturbance and incorporation of plant material. Soil & Tillage Research, 50(98): 105-114.

Parkin T B. 1993. Spatial variability of microbial processes in soil-A review. Journal of Environmental Quality, 22(3): 409-417.

Phillips J D. 2001. The relative importance of intrinsic and extrinsic factors in pedodiversity. Annals of the Association of American Geographers, 91(4): 609-621.

Picone L I, Zamuner E C, Berardo A, et al. 2003. Phosphorus transformations as affected by sampling date, fertilizer rate and phosphorus uptake in a soil under pasture. Nutrient Cycling in Agroecosystems, 67(3): 225-232.

Ponnanperuma F. 1984. Straw as source of nutrients for wetland rice. IRRI publication, 117-136.

Post W M, Emanuel W R, Zinke P. 1982. Soil carbon pools and world life zone. Nature, 298: 156-159.

Qiu J J, Wang L G, Li H, et al. 2009. Modeling the impacts of soil organic carbon content of croplands on crop yields in China. Agricultural Sciences in China, 8(4): 464-471.

Ramanathan V, Cicerone R J, Singh H B, et al. 1985. Trace gas trends and their potential role in climate change. Journal of Geophysical Research Atmospheres, 90(D3): 5547-5566.

Rezaei S A, Gilkes R J. 2005. The effects of landscape attributes and plant community on soil chemical properties in rangelands. Geoderma, 125(1): 145-154.

Sachs L. 1982. Applied Statistics: A Handbook of Techniques. Newton, Massachusetts: Allyn and Bacon, Inc.

Sahrawat K L, Rego T J, Wani S P, et al. 2008. Stretching soil sampling to watershed: Evaluation of soil-test parameters in a semi-arid tropical watershed. Communications in Soil Science & Plant Analysis, 39(19): 2950-2960.

Sankey J B, Brown D J, Bernard M L, et al. 2008. Comparing local vs. global visible and near-infrared (VisNIR) diffuse reflectance spectroscopy (DRS) calibrations for the prediction of soil clay, organic C and inorganic C. Geoderma, 148(2): 149-158.

Schimel D S. 1995. Terrestrial ecosystems and the carbon cycle. Global Change Biology, 1(1): 77-91.

Schoening I, Totsche K U, Koegel-Knabner I. 2006. Small scale spatial variability of organic carbon stocks in litter and solum of a forested Luvisol. Geoderma, 136(3): 631-642.

Shi X Z, Yu D S, Warner E D, et al. 2006. Cross-reference system for translating between genetic soil classification of China and soil taxonomy. Soil Science Society of America Journal, 70(1): 78-83.

Skidmore A K, Ryan P J, Dawes W, et al. 1991. Use of an expert system to map forest soils from a geographical information system. International Journal of Geographical Information Science, 5: 431-445.

Smith P, Milne R, Powlson D S, et al. 2010a. Revised estimates of the carbon mitigation potential of UK agricultural land. Soil Use & Management, 16(4): 293-295.

Smith P, Powlson D S, Smith J U, et al. 2010b. Meeting Europe's climate change commitments: Quantitative estimates of the potential for carbon mitigation by agriculture. Global Change Biology, 6(5): 525-539.

Smith R M, Samuels G, Cernuda F C, et al. 1951. Organic matter and nitrogen build-ups in some Puerto Rican soil profiles. Soil Science, 72(6): 409-428.

Sokal R R, Rohlf F J. 1981. Biometry. New York, NY: W. H. Freeman Co.

Sollins P, Homann P, Caldwell B A. 1996. Stabilization and destabilization of soil organic matter: Mechanisms and controls. Geoderma, 74(1): 65-105.

Steffens M, Koelbl A, Giese M, et al. 2009. Spatial variability of topsoils and vegetation in a grazed steppe ecosystem in Inner Mongolia (PR China). Journal of Plant Nutrition and Soil Science, 172(1): 78-90.

Stevenson F J, Cole M A. 1999. Cycles of soils: carbon, nitrogen, phosphorus, sulfur, micronutrients, 2nd Ed. Humus Chemistry Genesis Composition Reactions, 135(6): 642.

Sumfleth K, Duttmann R. 2008. Prediction of soil property distribution in paddy soil landscapes using terrain data and satellite information as indicators. Ecological Indicators, 8(5): 485-501.

Sun B, Zhou S L, Zhao Q G. 2003a. Evaluation of spatial and temporal changes of soil quality based on geostatistical analysis in the hill region of subtropical China. Geoderma, 115(1-2): 85-99.

Sun L, Zhou X K, Lu J T, et al. 2003b. Climatology, trend analysis and prediction of sandstorms and their associated dustfall in China. Water Air & Soil Pollution Focus, 3(2): 41-50.

Sun W X, Zhao Y C, Huang B, et al. 2012. Effect of sampling density on regional soil organic carbon estimation for cultivated soils. Journal of Plant Nutrition and Soil Science, 175(5): 671-680.

ten Berge H F M, Stroosnijder M L, Burrough A P. 1983. Spatial variability of physical soil properties influencing the tempreture of the soil surface. Agricultural Water Management, (6): 213-226.

Terra J A, Shaw J N, Reeves D W, et al. 2004. Soil carbon relationships with terrain attributes, electrical conductivity, and a soil survey in a coastal plain landscape. Soil Science, 169(12): 819-831.

Trumbore S E, Chadwick O A, Amundson R. 1996. Rapid exchange between soil carbon and atmospheric carbon dioxide driven by temperature change. Science, 272(5260): 393-396.

Tsui C, Guo H, Chen Z. 2013. Estimation of soil carbon stock in Taiwan arable soils by using legacy database and digital soil mapping// Soil Processes and Current Trends in Quality Assessment, Intech: Rijeka, Croatia.

Vauclin M, Vieira S R, Vachaud G, et al. 1983. The use of cokriging with limited field soil observations. Soil Science Society of America Journal, 47(2): 175-184.

Vieira S R, Escribano Villa C, Vidal Vázquez E, et al. 2007. Geostatistical analysis of soil fertility data sampled in two consecutive years in Castilla, Spain: Precision agriculture 07. Papers presented at the 6th European Conference on Precision Agriculture, Skiathos, Greece, 3-6 June.

Visschers R, Finke P A, Gruijter J J D. 2007. A soil sampling program for the Netherlands. Geoderma, 139(1): 60-72.

Wagai R, Mayer L M, Kitayama K, et al. 2008. Climate and parent material controls on organic matter storage in surface soils: A three-pool, density-separation approach. Geoderma, 147(1): 23-33.

Wang X J, Qi F. 1998. The effects of sampling design on spatial structure analysis of contaminated soil. Science of the Total Environment, 224(1-3): 29-41.

Wang Y Q, Zhang X C, Huang C Q. 2009. Spatial variability of soil total nitrogen and soil total phosphorus under different land uses in a small watershed on the Loess Plateau, China. Geoderma, 150(1): 141-149.

Watson R T, Noble I R, Bolin B, et al. 2000. Land use, land-use change and forestry: A special report of the Intergovernmental Panel on Climate Change.

Webster R, Burgess T M. 1980. Optimal interpolation and isarithmic mapping of soil properties. 3. Changing drift and universal Kriging. Journal of Soil Science, 31(3): 505-524.

Webster R, Oliver M A. 1990. Statistical methods in soil and land resource survey. Technometrics, 34(4): 497-498.

Wei J B, Xiao D N, Zeng H, et al. 2008. Spatial variability of soil properties in relation to land use and topography in a typical small watershed of the black soil region, northeastern China. Environmental Geology, 53(8): 1663-1672.

Western A W, Blöschl G, Grayson R B. 1998. Geostatistical characterisation of soil moisture patterns in the Tarrawarra catchment. Journal of Hydrology, 205(1-2): 20-37.

Wilson J P, Spangrud D J, Nielsen G A, et al. 1998. Global positioning system sampling intensity and pattern effects on computed topographic attributes. Soil Science Society of America Journal, 62(5): 1410-1417.

Xu Q, Rui W Y, Bian X M, et al. 2007. Regional differences and characteristics of soil organic carbon density between dry land and paddy field in China. Agricultural Sciences in China, 6(8): 981-987.

Yan X Y, Cai Z C. 2008. Number of soil profiles needed to give a reliable overall estimate of soil organic carbon storage using profile carbon density data. Soil Science & Plant Nutrition, 54(5): 819-825.

You D, Zhou J, Wang J, et al. 2011. Analysis of relations of heavy metal accumulation with land utilization using the positive and negative association rule method. Mathematical & Computer Modelling, 54(3): 1005-1009.

Yu D S, Shi X Z, Wang H J, et al. 2007. National scale analysis of soil organic carbon storage in china based on Chinese soil taxonomy. Pedosphere, 17(1): 11-18.

Yu D S, Zhang L M, Shi X Z, et al. 2013. Soil assessment unit scale affects quantifying CH_4 emissions from rice fields. Soil Science Society of America Journal, 77(2): 664.

Yu D S, Zhang Z Q, Yang H, et al. 2011. Effect of sampling density on detecting the temporal evolution of soil organic carbon in hilly red soil region of South China. Pedosphere, 21(2): 207-213.

Zhang C S, Fay D, Mcgrath D, et al. 2008a. Statistical analyses of geochemical variables in soils of Ireland. Geoderma, 146(1): 378-390.

Zhang H M, Wang B R, Xu M G, et al. 2009b. Crop yield and soil responses to long-term fertilization on a Red Soil in Southern China. Pedosphere, 19(2): 199-207.

Zhang H Z, Shi X Z, Yu D S, et al. 2009a. Spatial prediction of soil temperature in China. Advanced Materials Research, 955-959: 3718-3723.

Zhang L M, Yu D S, Shi X Z, et al. 2012. Simulation soil organic carbon change in China's Tai-Lake paddy soils. Soil & Tillage Research, 121: 1-9.

Zhang Y, Zhao Y C, Shi X Z, et al. 2008b. Variation of soil organic carbon estimates in mountain regions: A case study from Southwest China. Geoderma, 146(3): 449-456.

Zhang Z Q, Shi X Z, Yu D S, et al. 2011. Effect of prediction methods on detecting the temporal evolution of soil organic carbon in hilly red soil region of South China. Environmental Earth Sciences, 64: 319-328.

Zhang Z Q, Yu D S, Shi X Z, et al. 2010a. Application of categorical information in the spatial prediction of soil organic carbon in the red soil area of China. Soil Science & Plant Nutrition, 56(2): 307-318.

Zhang Z Q, Yu D S, Shi X Z, et al. 2010b. Effect of sampling classification patterns on SOC variability in the red soil region, China. Soil & Tillage Research, 110(1): 2-7.

Zhang Z Q, Yu D S, Shi X Z, et al. 2015. Priority selection rating of sampling density and interpolation method for detecting the spatial variability of soil organic carbon in China. Environmental Earth Sciences, 73(5): 2287-2297.

Zhang Z Q, Yu D S, Wang X Y, et al. 2018. Influence of the selection of interpolation method on revealing soil organic carbon variability in the Red Soil Region, China. Sustainability, 10(22907).

Zhao G X, Li X J, Wang R Y, et al. 2007a. Soil nutrients in intensive agricultural areas with different land-use types in Qingzhou County, China. Pedosphere, 17(2): 165-171.

Zhao Y C, Shi X Z, Weindorf D C, et al. 2006. Map scale effects on soil organic carbon stock estimation in North China. Soil Science Society of America Journal, 70(4): 1377-1386.

Zhao Y, Xu X H, Huang B, et al. 2007b. Using robust Kriging and sequential Gaussian simulation to delineate the copper- and lead-contaminated areas of a rapidly industrialized city in Yangtze River Delta, China. Environmental Geology, 52(7): 1423-1433.

Zhi J J, Jing C W, Lin S P, et al. 2015. Estimates of soil organic carbon stocks in zhejiang province of china based on 1∶50000 soil database using the PKB method. Pedosphere, 25(1): 12-24.